한솔 완벽한 연산

수학은 마라톤입니다.
지금 여러분은 출발 지점에 서 있습니다.
초등학교 저학년 때는
수학 마라톤을 잘 하기 위해
기초 체력을 튼튼히 길러야 합니다.

한솔 완벽한 연산으로 시작하세요.
마라톤을 잘 뛸 수 있는 완벽한 연산 실력을 키워줍니다.

이 책이 궁금해요!

왜 완벽한 연산인가요?

기초 연산은 물론, 학교 연산까지 이 책 시리즈 하나면 완벽하게 끝나기 때문입니다. '한솔 완벽한 연산'은 하루 8쪽씩, 5일 동안 4주분을 학습하고, 마지막 주에는 학교 시험에 완벽하게 대비할 수 있도록 '연산 UP' 16쪽을 추가로 제공합니다.
매일 꾸준한 연습으로 연산 실력을 키우기에 충분한 학습량입니다.
'한솔 완벽한 연산' 하나면 기초 연산도 학교 연산도 완벽하게 대비할 수 있습니다.

몇 단계로 구성되고, 몇 학년이 풀 수 있나요?

모두 6단계로 구성되어 있습니다.
'한솔 완벽한 연산'은 한 단계가 1개 학년이 아닙니다. 연산의 기초 훈련이 가장 필요한 시기인 초등 2~3학년에 집중하여 여러 단계로 구성하였습니다.
이 시기에는 수학의 기초 체력을 튼튼히 길러야 하니까요.

단계	권장 학년	학습 내용
MA	6~7세	100까지의 수, 더하기와 빼기
MB	초등 1~2학년	한 자리 수의 덧셈, 두 자리 수의 덧셈
MC	초등 1~2학년	두 자리 수의 덧셈과 뺄셈
MD	초등 2~3학년	두·세 자리 수의 덧셈과 뺄셈
ME	초등 2~3학년	곱셈구구, (두·세 자리 수)×(한 자리 수), (두·세 자리 수)÷(한 자리 수)
MF	초등 3~4학년	(두·세 자리 수)×(두 자리 수), (두·세 자리 수)÷(두 자리 수), 분수·소수의 덧셈과 뺄셈

책 한 권은 어떻게 구성되어 있나요?

책 한 권은 모두 4주 학습으로 구성되어 있습니다.
한 주는 모두 40쪽으로 하루에 8쪽씩, 5일 동안 푸는 것을 권장합니다.
마지막 5주차에는 학교 시험에 대비할 수 있는 '연산 UP'을 학습합니다.

'한솔 완벽한 연산'도 매일매일 풀어야 하나요?

물론입니다. 매일매일 규칙적으로 연습을 해야 연산 능력이 향상되기 때문입니다.
월요일부터 금요일까지 매일 8쪽씩, 4주 동안 규칙적으로 풀고, 마지막 주에 '연산 UP' 16쪽을 다 풀면 한 권 학습이 끝납니다.
매일매일 푸는 습관이 잡히면 개인 진도에 따라 두 달에 3권을 푸는 것도 가능합니다.

하루 8쪽씩이라구요? 너무 많은 양 아닌가요?

'한솔 완벽한 연산'은 술술 풀면서 잘 넘어가는 학습지입니다.
공부하는 학생 입장에서는 빡빡한 문제를 4쪽 푸는 것보다 술술 넘어가는 문제를 8쪽 푸는 것이 훨씬 큰 성취감을 느낄 수 있습니다.
'한솔 완벽한 연산'은 학생의 연령을 고려해 쪽당 학습량을 전략적으로 구성했습니다. 그래서 학생이 부담을 덜 느끼면서 효과적으로 학습할 수 있습니다.

 학교 진도와 맞추려면 어떻게 공부해야 하나요?

이 책은 한 권을 한 달 동안 푸는 것을 권장합니다.
각 단계별 학교 진도는 다음과 같습니다.

단계	MA	MB	MC	MD	ME	MF
권 수	8권	5권	7권	7권	7권	7권
학교 진도	초등 이전	초등 1학년	초등 2학년	초등 3학년	초등 3학년	초등 4학년

초등학교 1학년이 3월에 MB 단계부터 매달 1권씩 꾸준히 푼다고 한다면 2학년이 시작될 때 MD 단계를 풀게 되고, 3학년 때 MF 단계(4학년 과정)까지 마무리할 수 있습니다.
이 책 시리즈로 꼼꼼히 학습하게 되면 일반 방문학습지 못지 않게 충분한 연산 실력을 쌓게 되고 조금씩 다음 학년 진도까지 학습할 수 있다는 장점이 있습니다.
매일 꾸준히 성실하게 학습한다면 학년 구분 없이 원하는 진도를 스스로 계획하고 진행해 나갈 수 있습니다.

 '연산 UP'은 어떻게 공부해야 하나요?

'연산 UP'은 4주 동안 훈련한 연산 능력을 확인하는 과정이자 학교에서 흔히 접하는 계산 유형 문제까지 접할 수 있는 코너입니다.
'연산 UP'의 구성은 다음과 같습니다.

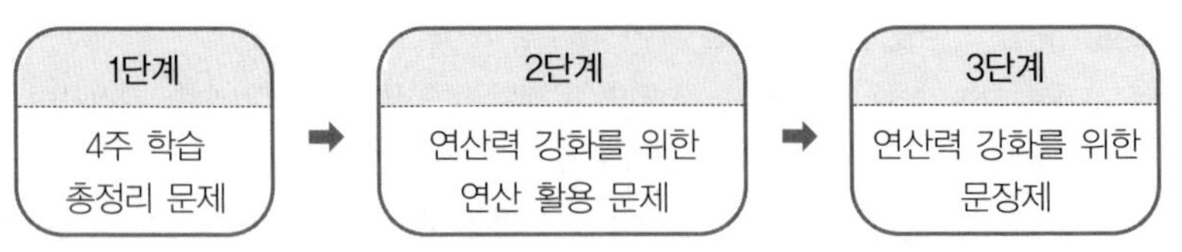

'연산 UP'은 모두 16쪽으로 구성되었으므로 하루 8쪽씩 2일 동안 학습하고, 다음 단계로 진행할 것을 권장합니다.

MA 6~7세

권	제목	주차별 학습 내용	
1	20까지의 수 1	1주	5까지의 수 (1)
		2주	5까지의 수 (2)
		3주	5까지의 수 (3)
		4주	10까지의 수
2	20까지의 수 2	1주	10까지의 수 (1)
		2주	10까지의 수 (2)
		3주	20까지의 수 (1)
		4주	20까지의 수 (2)
3	20까지의 수 3	1주	20까지의 수 (1)
		2주	20까지의 수 (2)
		3주	20까지의 수 (3)
		4주	20까지의 수 (4)
4	50까지의 수	1주	50까지의 수 (1)
		2주	50까지의 수 (2)
		3주	50까지의 수 (3)
		4주	50까지의 수 (4)
5	1000까지의 수	1주	100까지의 수 (1)
		2주	100까지의 수 (2)
		3주	100까지의 수 (3)
		4주	1000까지의 수
6	수 가르기와 모으기	1주	수 가르기 (1)
		2주	수 가르기 (2)
		3주	수 모으기 (1)
		4주	수 모으기 (2)
7	덧셈의 기초	1주	상황 속 덧셈
		2주	더하기 1
		3주	더하기 2
		4주	더하기 3
8	뺄셈의 기초	1주	상황 속 뺄셈
		2주	빼기 1
		3주	빼기 2
		4주	빼기 3

MB 초등 1 · 2학년 ①

권	제목	주차별 학습 내용	
1	덧셈 1	1주	받아올림이 없는 (한 자리 수)+(한 자리 수) (1)
		2주	받아올림이 없는 (한 자리 수)+(한 자리 수) (2)
		3주	받아올림이 없는 (한 자리 수)+(한 자리 수) (3)
		4주	받아올림이 없는 (두 자리 수)+(한 자리 수)
2	덧셈 2	1주	받아올림이 없는 (두 자리 수)+(한 자리 수)
		2주	받아올림이 있는 (한 자리 수)+(한 자리 수) (1)
		3주	받아올림이 있는 (한 자리 수)+(한 자리 수) (2)
		4주	받아올림이 있는 (한 자리 수)+(한 자리 수) (3)
3	뺄셈 1	1주	(한 자리 수)−(한 자리 수) (1)
		2주	(한 자리 수)−(한 자리 수) (2)
		3주	(한 자리 수)−(한 자리 수) (3)
		4주	받아내림이 없는 (두 자리 수)−(한 자리 수)
4	뺄셈 2	1주	받아내림이 없는 (두 자리 수)−(한 자리 수)
		2주	받아내림이 있는 (두 자리 수)−(한 자리 수) (1)
		3주	받아내림이 있는 (두 자리 수)−(한 자리 수) (2)
		4주	받아내림이 있는 (두 자리 수)−(한 자리 수) (3)
5	덧셈과 뺄셈의 완성	1주	(한 자리 수)+(한 자리 수), (한 자리 수)−(한 자리 수)
		2주	세 수의 덧셈, 세 수의 뺄셈 (1)
		3주	(한 자리 수)+(한 자리 수), (두 자리 수)−(한 자리 수)
		4주	세 수의 덧셈, 세 수의 뺄셈 (2)

초등 1 · 2학년 ②

권	제목	주차별 학습 내용	
1	두 자리 수의 덧셈 1	1주	받아올림이 없는 (두 자리 수)+(한 자리 수)
		2주	몇십 만들기
		3주	받아올림이 있는 (두 자리 수)+(한 자리 수) (1)
		4주	받아올림이 있는 (두 자리 수)+(한 자리 수) (2)
2	두 자리 수의 덧셈 2	1주	받아올림이 없는 (두 자리 수)+(두 자리 수) (1)
		2주	받아올림이 없는 (두 자리 수)+(두 자리 수) (2)
		3주	받아올림이 없는 (두 자리 수)+(두 자리 수) (3)
		4주	받아올림이 없는 (두 자리 수)+(두 자리 수) (4)
3	두 자리 수의 덧셈 3	1주	받아올림이 있는 (두 자리 수)+(두 자리 수) (1)
		2주	받아올림이 있는 (두 자리 수)+(두 자리 수) (2)
		3주	받아올림이 있는 (두 자리 수)+(두 자리 수) (3)
		4주	받아올림이 있는 (두 자리 수)+(두 자리 수) (4)
4	두 자리 수의 뺄셈 1	1주	받아내림이 없는 (두 자리 수)-(한 자리 수)
		2주	몇십에서 빼기
		3주	받아내림이 있는 (두 자리 수)-(한 자리 수) (1)
		4주	받아내림이 있는 (두 자리 수)-(한 자리 수) (2)
5	두 자리 수의 뺄셈 2	1주	받아내림이 없는 (두 자리 수)-(두 자리 수) (1)
		2주	받아내림이 없는 (두 자리 수)-(두 자리 수) (2)
		3주	받아내림이 없는 (두 자리 수)-(두 자리 수) (3)
		4주	받아내림이 없는 (두 자리 수)-(두 자리 수) (4)
6	두 자리 수의 뺄셈 3	1주	받아내림이 있는 (두 자리 수)-(두 자리 수) (1)
		2주	받아내림이 있는 (두 자리 수)-(두 자리 수) (2)
		3주	받아내림이 있는 (두 자리 수)-(두 자리 수) (3)
		4주	받아내림이 있는 (두 자리 수)-(두 자리 수) (4)
7	덧셈과 뺄셈의 완성	1주	세 수의 덧셈
		2주	세 수의 뺄셈
		3주	(두 자리 수)+(한 자리 수), (두 자리 수)-(한 자리 수) 종합
		4주	(두 자리 수)+(두 자리 수), (두 자리 수)-(두 자리 수) 종합

MD

초등 2 · 3학년 ①

권	제목	주차별 학습 내용	
1	두 자리 수의 덧셈	1주	받아올림이 있는 (두 자리 수)+(두 자리 수) (1)
		2주	받아올림이 있는 (두 자리 수)+(두 자리 수) (2)
		3주	받아올림이 있는 (두 자리 수)+(두 자리 수) (3)
		4주	받아올림이 있는 (두 자리 수)+(두 자리 수) (4)
2	세 자리 수의 덧셈 1	1주	받아올림이 없는 (세 자리 수)+(두 자리 수)
		2주	받아올림이 있는 (세 자리 수)+(두 자리 수) (1)
		3주	받아올림이 있는 (세 자리 수)+(두 자리 수) (2)
		4주	받아올림이 있는 (세 자리 수)+(두 자리 수) (3)
3	세 자리 수의 덧셈 2	1주	받아올림이 있는 (세 자리 수)+(세 자리 수) (1)
		2주	받아올림이 있는 (세 자리 수)+(세 자리 수) (2)
		3주	받아올림이 있는 (세 자리 수)+(세 자리 수) (3)
		4주	받아올림이 있는 (세 자리 수)+(세 자리 수) (4)
4	두·세 자리 수의 뺄셈	1주	받아내림이 있는 (두 자리 수)-(두 자리 수) (1)
		2주	받아내림이 있는 (두 자리 수)-(두 자리 수) (2)
		3주	받아내림이 있는 (두 자리 수)-(두 자리 수) (3)
		4주	받아내림이 없는 (세 자리 수)-(두 자리 수)
5	세 자리 수의 뺄셈 1	1주	받아내림이 있는 (세 자리 수)-(두 자리 수) (1)
		2주	받아내림이 있는 (세 자리 수)-(두 자리 수) (2)
		3주	받아내림이 있는 (세 자리 수)-(두 자리 수) (3)
		4주	받아내림이 있는 (세 자리 수)-(두 자리 수) (4)
6	세 자리 수의 뺄셈 2	1주	받아내림이 있는 (세 자리 수)-(세 자리 수) (1)
		2주	받아내림이 있는 (세 자리 수)-(세 자리 수) (2)
		3주	받아내림이 있는 (세 자리 수)-(세 자리 수) (3)
		4주	받아내림이 있는 (세 자리 수)-(세 자리 수) (4)
7	덧셈과 뺄셈의 완성	1주	덧셈의 완성 (1)
		2주	덧셈의 완성 (2)
		3주	뺄셈의 완성 (1)
		4주	뺄셈의 완성 (2)

ME 초등 2 · 3학년 ②

권	제목	주차별 학습 내용	
1	곱셈구구	1주	곱셈구구 (1)
		2주	곱셈구구 (2)
		3주	곱셈구구 (3)
		4주	곱셈구구 (4)
2	(두 자리 수)×(한 자리 수) 1	1주	곱셈구구 종합
		2주	(두 자리 수)×(한 자리 수) (1)
		3주	(두 자리 수)×(한 자리 수) (2)
		4주	(두 자리 수)×(한 자리 수) (3)
3	(두 자리 수)×(한 자리 수) 2	1주	(두 자리 수)×(한 자리 수) (1)
		2주	(두 자리 수)×(한 자리 수) (2)
		3주	(두 자리 수)×(한 자리 수) (3)
		4주	(두 자리 수)×(한 자리 수) (4)
4	(세 자리 수)×(한 자리 수)	1주	(세 자리 수)×(한 자리 수) (1)
		2주	(세 자리 수)×(한 자리 수) (2)
		3주	(세 자리 수)×(한 자리 수) (3)
		4주	곱셈 종합
5	(두 자리 수)÷(한 자리 수) 1	1주	나눗셈의 기초 (1)
		2주	나눗셈의 기초 (2)
		3주	나눗셈의 기초 (3)
		4주	(두 자리 수)÷(한 자리 수)
6	(두 자리 수)÷(한 자리 수) 2	1주	(두 자리 수)÷(한 자리 수) (1)
		2주	(두 자리 수)÷(한 자리 수) (2)
		3주	(두 자리 수)÷(한 자리 수) (3)
		4주	(두 자리 수)÷(한 자리 수) (4)
7	(두·세 자리 수)÷(한 자리 수)	1주	(두 자리 수)÷(한 자리 수) (1)
		2주	(두 자리 수)÷(한 자리 수) (2)
		3주	(세 자리 수)÷(한 자리 수) (1)
		4주	(세 자리 수)÷(한 자리 수) (2)

MF 초등 3 · 4학년

권	제목	주차별 학습 내용	
1	(두 자리 수)×(두 자리 수)	1주	(두 자리 수)×(한 자리 수)
		2주	(두 자리 수)×(두 자리 수) (1)
		3주	(두 자리 수)×(두 자리 수) (2)
		4주	(두 자리 수)×(두 자리 수) (3)
2	(두·세 자리 수)×(두 자리 수)	1주	(두 자리 수)×(두 자리 수)
		2주	(세 자리 수)×(두 자리 수) (1)
		3주	(세 자리 수)×(두 자리 수) (2)
		4주	곱셈의 완성
3	(두 자리 수)÷(두 자리 수)	1주	(두 자리 수)÷(두 자리 수) (1)
		2주	(두 자리 수)÷(두 자리 수) (2)
		3주	(두 자리 수)÷(두 자리 수) (3)
		4주	(두 자리 수)÷(두 자리 수) (4)
4	(세 자리 수)÷(두 자리 수)	1주	(세 자리 수)÷(두 자리 수) (1)
		2주	(세 자리 수)÷(두 자리 수) (2)
		3주	(세 자리 수)÷(두 자리 수) (3)
		4주	나눗셈의 완성
5	혼합 계산	1주	혼합 계산 (1)
		2주	혼합 계산 (2)
		3주	혼합 계산 (3)
		4주	곱셈과 나눗셈, 혼합 계산 총정리
6	분수의 덧셈과 뺄셈	1주	분수의 덧셈 (1)
		2주	분수의 덧셈 (2)
		3주	분수의 뺄셈 (1)
		4주	분수의 뺄셈 (2)
7	소수의 덧셈과 뺄셈	1주	분수의 덧셈과 뺄셈
		2주	소수의 기초, 소수의 덧셈과 뺄셈 (1)
		3주	소수의 덧셈과 뺄셈 (2)
		4주	소수의 덧셈과 뺄셈 (3)

주별 학습 내용 ME단계 ❸권

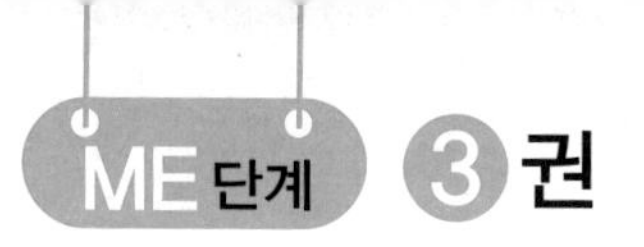

(두 자리 수) × (한 자리 수) (1)

요일	교재 번호	학습한 날짜	확인
1일차(월)	01~08	월 일	
2일차(화)	09~16	월 일	
3일차(수)	17~24	월 일	
4일차(목)	25~32	월 일	
5일차(금)	33~40	월 일	

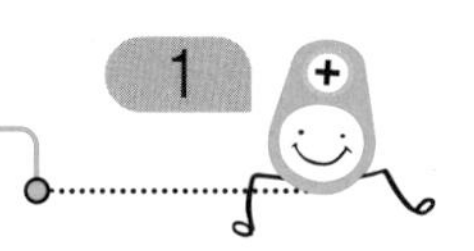

ME01 (두 자리 수) × (한 자리 수) (1)

● 곱셈을 하시오.

(1)

	2	5
×	□	4

(2)

	3	2
×	□	6

(3)

	4	4
×	□	6

(4)

	6	6
×	□	5

(5)

	5	5
×	□	5

(6)

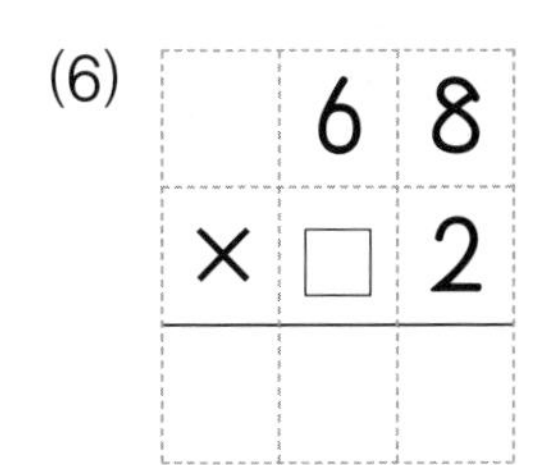

	6	8
×	□	2

(7)

	7	3
×	□	6

(8)

	8	3
×	□	7

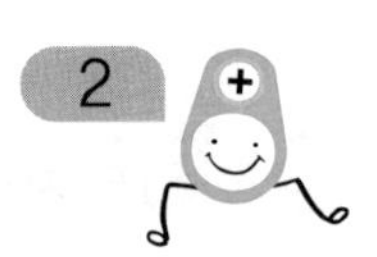

(9)

	2	7
×	□	7

(10)

	3	5
×	□	5

(11)

	4	6
×	□	5

(12)

	7	9
×	□	5

(13)

	5	6
×	□	6

(14)

	6	7
×	□	3

(15)

	7	9
×	□	7

(16)

	9	3
×	□	4

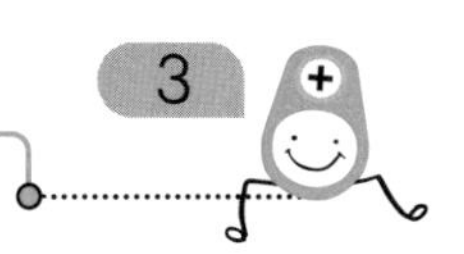

● 곱셈을 하시오.

(1)

	2	2
×		5

(2)

	3	4
×		5

(3)

	2	5
×		7

(4)

	3	6
×		5

(5)

	3	2
×		7

(6)

	2	4
×		6

(7)

	3	7
×		6

(8)

	2	8
×		5

(9)

	2	6
×		5

(10)

	3	8
×		4

(11)

	3	6
×		6

(12)

	2	3
×		7

(13)

	3	7
×		4

(14)

	2	8
×		6

(15)

	2	9
×		5

(16)

	3	9
×		5

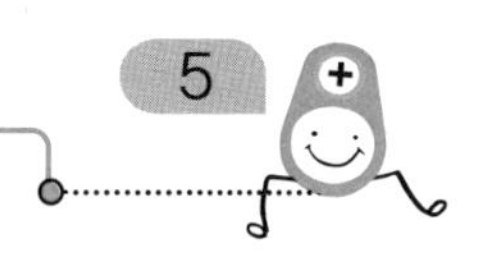

● 곱셈을 하시오.

(1)
$$\begin{array}{r} 34 \\ \times \quad 7 \\ \hline \end{array}$$

(2)
$$\begin{array}{r} 33 \\ \times \quad 8 \\ \hline \end{array}$$

(3)
$$\begin{array}{r} 42 \\ \times \quad 6 \\ \hline \end{array}$$

(4)
$$\begin{array}{r} 35 \\ \times \quad 6 \\ \hline \end{array}$$

(5)
$$\begin{array}{r} 44 \\ \times \quad 3 \\ \hline \end{array}$$

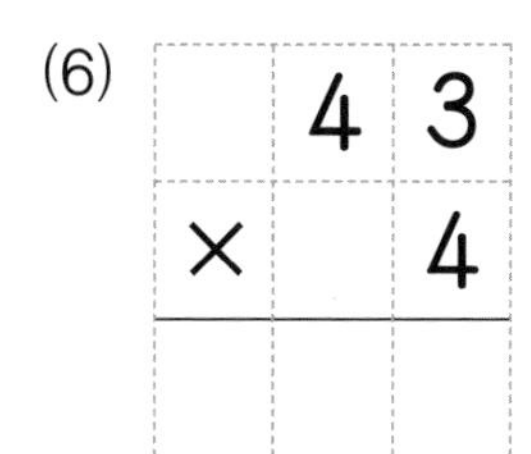

(6)
$$\begin{array}{r} 43 \\ \times \quad 4 \\ \hline \end{array}$$

(7)
$$\begin{array}{r} 37 \\ \times \quad 7 \\ \hline \end{array}$$

(8)
$$\begin{array}{r} 53 \\ \times \quad 6 \\ \hline \end{array}$$

(9)

	3	6
×		3

(10)

	4	3
×		7

(11)

	3	4
×		6

(12)

	4	7
×		5

(13)

	4	2
×		8

(14)

	3	8
×		3

(15)

	4	5
×		6

(16)

	6	2
×		5

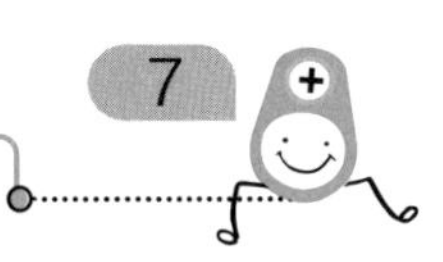

● 곱셈을 하시오.

(1)

	3	2
×		9

(2)

	4	6
×		4

(3)

	3	6
×		7

(4)

	5	6
×		7

(5)

	4	8
×		6

(6)

	3	4
×		3

(7)

	4	5
×		7

(8)

	4	9
×		5

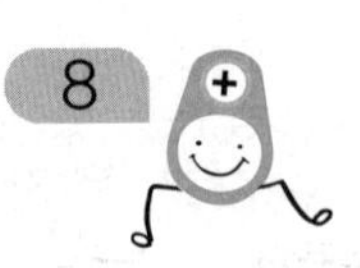

(9)

	3	7
×		8

(10)

	4	7
×		6

(11)

	3	3
×		9

(12)

	6	2
×		6

(13)

	3	8
×		5

(14)

	4	5
×		8

(15)

	4	3
×		6

(16)

	4	9
×		9

● 곱셈을 하시오.

(1)

	1	3
×		3

(2)

	2	2
×		7

(3)

	2	3
×		3

(4)

	1	6
×		5

(5)

	1	7
×		3

(6)

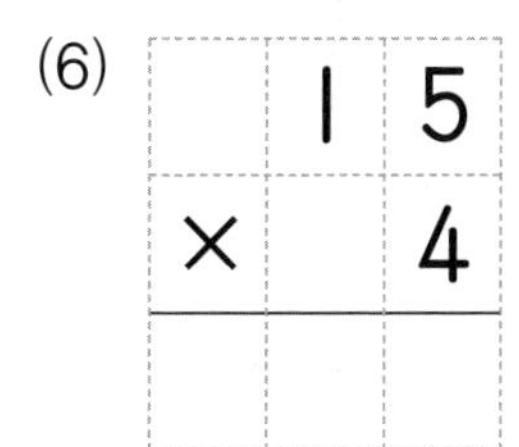

	1	5
×		4

(7)

	2	1
×		6

(8)

	2	3
×		5

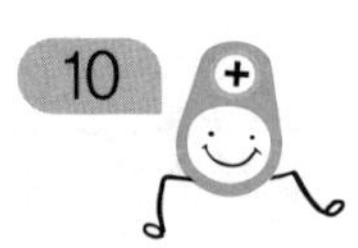

(9)

	1	2
×		6

(10)

	2	6
×		3

(11)

	1	1
×		8

(12)

	2	1
×		6

(13)

	2	5
×		5

(14)

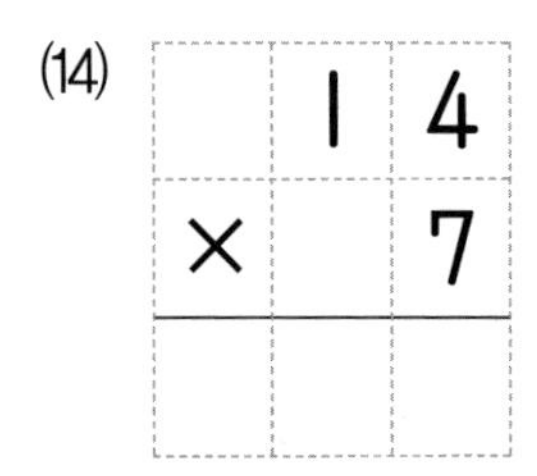

	1	4
×		7

(15)

	2	4
×		3

(16)

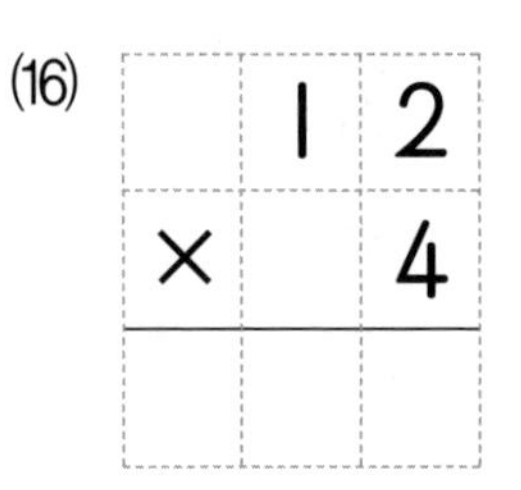

	1	2
×		4

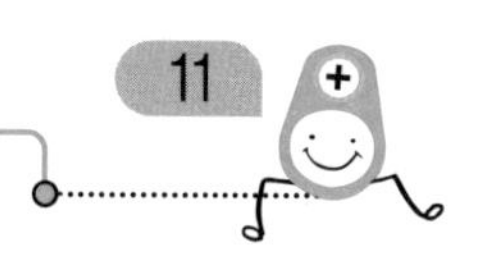

● 곱셈을 하시오.

(1)

	2	2
×		4

(2)

	3	2
×		4

(3)

	2	4
×		4

(4)

	3	7
×		5

(5)

	3	3
×		2

(6)

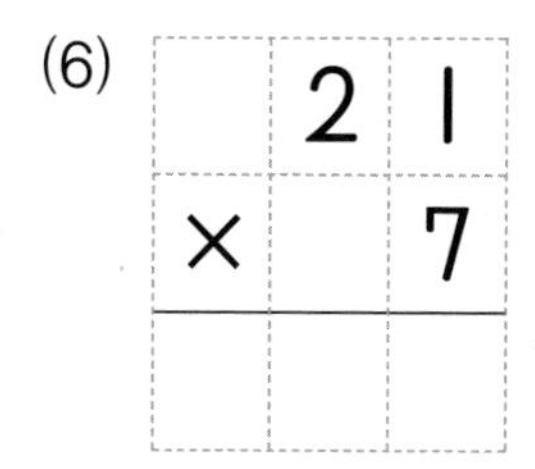

	2	1
×		7

(7)

	3	5
×		3

(8)

	2	3
×		6

(9)

	2	7
×		2

(10)

	2	5
×		6

(11)

	3	7
×		3

(12)

	2	4
×		2

(13)

	3	4
×		2

(14)

	3	1
×		4

(15)

	2	7
×		4

(16)

	3	6
×		4

● 곱셈을 하시오.

(1)

	3	2
×		5

(2)

	4	1
×		2

(3)

	3	6
×		8

(4)

	4	6
×		3

(5)

	4	5
×		2

(6)

	3	5
×		4

(7)

	4	2
×		3

(8)

	3	3
×		3

(9)

	4	2
×		5

(10)

	3	2
×		8

(11)

	4	3
×		3

(12)

	3	9
×		2

(13)

	3	1
×		7

(14)

	4	6
×		2

(15)

	4	4
×		2

(16)

	4	9
×		3

● 곱셈을 하시오.

(1)

	1	8
×		2

(2)

	2	1
×		5

(3)

	3	4
×		4

(4)

	2	7
×		3

(5)

	2	4
×		5

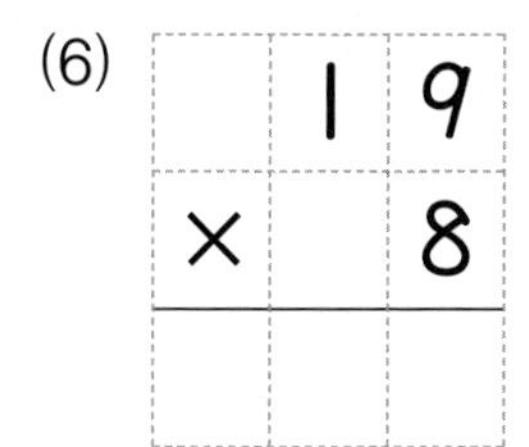

(6)

	1	9
×		8

(7)

	3	3
×		5

(8)

	3	6
×		2

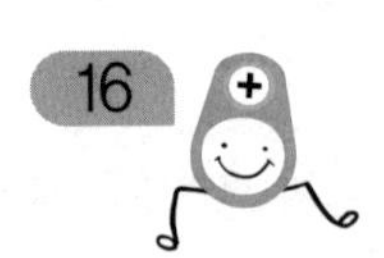

(9)

	2	8
×		7

(10)

	4	2
×		4

(11)

	3	8
×		2

(12)

	4	5
×		4

(13)

	4	1
×		8

(14)

	2	9
×		4

(15)

	4	7
×		2

(16)

	3	9
×		4

● 곱셈을 하시오.

(1)

	1	5
×		8

(2)

	2	5
×		3

(3)

	3	1
×		9

(4)

	2	7
×		9

(5)

	2	1
×		8

(6)

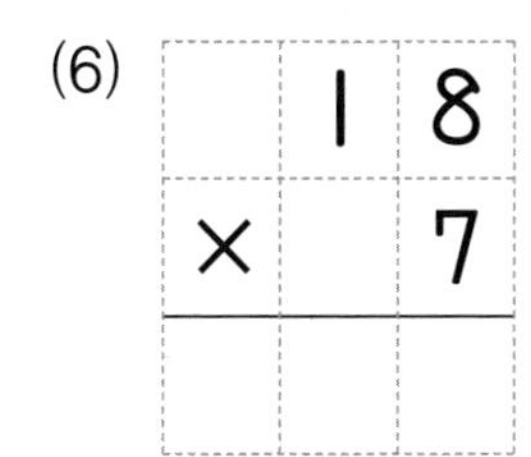

	1	8
×		7

(7)

	3	5
×		2

(8)

	3	9
×		3

(9)

	2	8
×		9

(13)

	3	3
×		4

(10)

	3	7
×		2

(14)

	4	2
×		2

(11)

	2	7
×		8

(15)

	3	2
×		3

(12)

	4	8
×		2

(16)

	4	7
×		3

● 곱셈을 하시오.

(1)

	4	8
×		3

(2)

	5	3
×		3

(3)

	4	1
×		5

(4)

	5	4
×		3

(5)

	5	1
×		4

(6)

	4	2
×		7

(7)

	5	2
×		4

(8)

	4	4
×		8

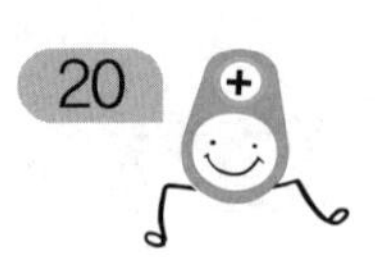

(9)

	4	3
×		5

(10)

	4	9
×		2

(11)

	5	5
×		4

(12)

	4	5
×		5

(13)

	5	1
×		8

(14)

	5	2
×		5

(15)

	4	8
×		4

(16)

	5	7
×		5

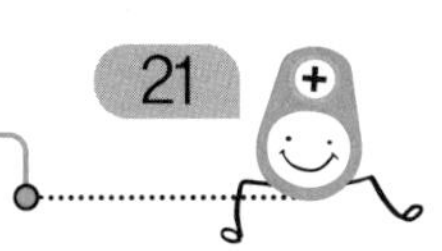

● 곱셈을 하시오.

(1)
$$\begin{array}{r} 51 \\ \times \quad 5 \\ \hline \end{array}$$

(2)
$$\begin{array}{r} 64 \\ \times \quad 2 \\ \hline \end{array}$$

(3)
$$\begin{array}{r} 52 \\ \times \quad 6 \\ \hline \end{array}$$

(4)
$$\begin{array}{r} 67 \\ \times \quad 4 \\ \hline \end{array}$$

(5)
$$\begin{array}{r} 63 \\ \times \quad 2 \\ \hline \end{array}$$

(6)
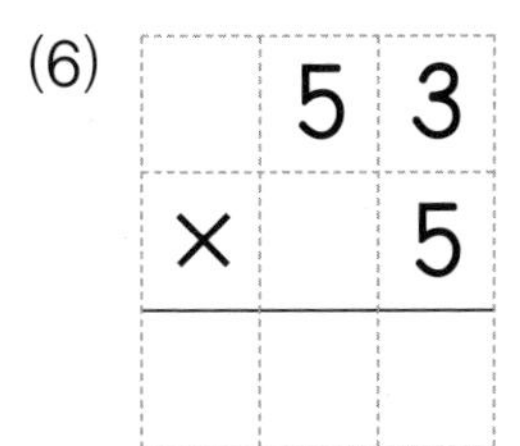
$$\begin{array}{r} 53 \\ \times \quad 5 \\ \hline \end{array}$$

(7)
$$\begin{array}{r} 65 \\ \times \quad 4 \\ \hline \end{array}$$

(8)
$$\begin{array}{r} 58 \\ \times \quad 3 \\ \hline \end{array}$$

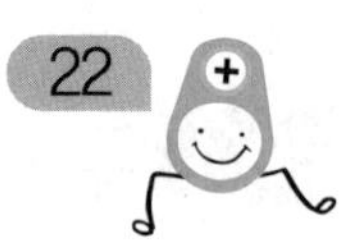

(9)

	6	2
×		2

(10)

	6	3
×		3

(11)

	5	4
×		5

(12)

	5	9
×		2

(13)

	6	1
×		3

(14)

	5	6
×		4

(15)

	6	6
×		3

(16)

	6	5
×		5

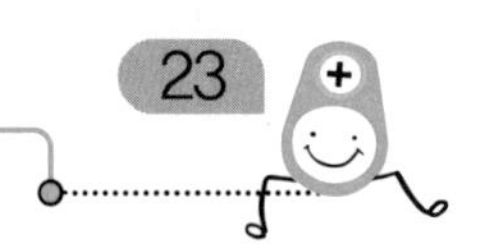

● 곱셈을 하시오.

(1)

	6	3
×		5

(2)

	7	4
×		5

(3)

	6	4
×		3

(4)

	7	5
×		3

(5)

	7	1
×		6

(6)

	6	1
×		8

(7)

	7	2
×		3

(8)

	6	6
×		4

(9)

	6	2
×		4

(10)

	7	4
×		2

(11)

	7	6
×		4

(12)

	6	8
×		3

(13)

	7	2
×		2

(14)

	6	2
×		3

(15)

	6	5
×		3

(16)

	7	7
×		2

● 곱셈을 하시오.

(1)

	4	2
×		3

(2)

	5	4
×		4

(3)

	6	2
×		7

(4)

	5	7
×		3

(5)

	5	2
×		2

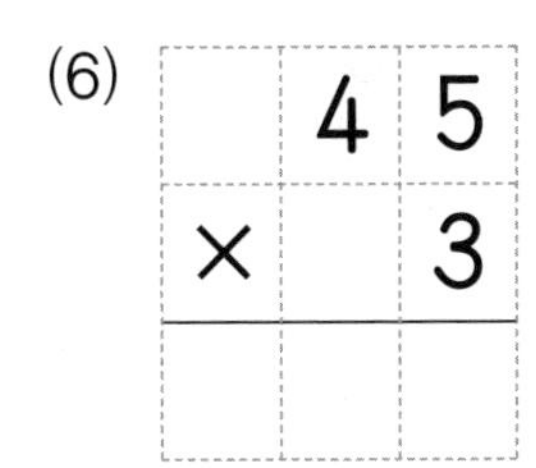

(6)

	4	5
×		3

(7)

	6	3
×		4

(8)

	6	5
×		2

(9)

	5	3
×		2

(10)

	6	3
×		6

(11)

	7	3
×		5

(12)

	6	8
×		4

(13)

	7	2
×		4

(14)

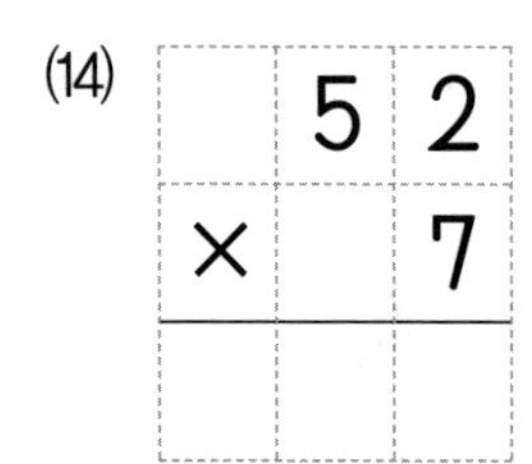

	5	2
×		7

(15)

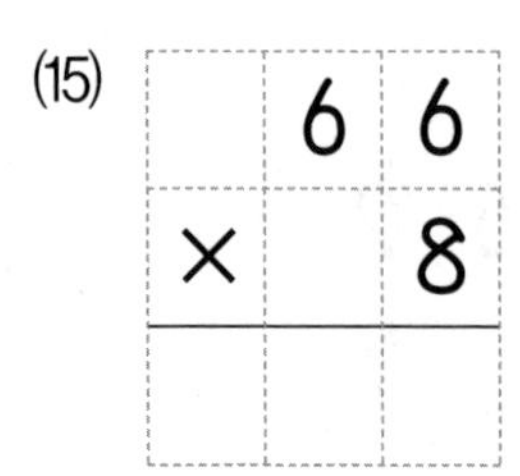

	6	6
×		8

(16)

	7	6
×		5

● 곱셈을 하시오.

(1)

	6	4
×		4

(2)

	7	3
×		3

(3)

	6	6
×		2

(4)

	7	6
×		2

(5)

	7	1
×		5

(6)

	6	2
×		8

(7)

	7	4
×		3

(8)

	6	5
×		7

(9)

	7	2
×		6

(10)

	7	5
×		2

(11)

	6	7
×		2

(12)

	7	7
×		6

(13)

	6	3
×		7

(14)

	6	5
×		6

(15)

	7	8
×		4

(16)

	6	9
×		3

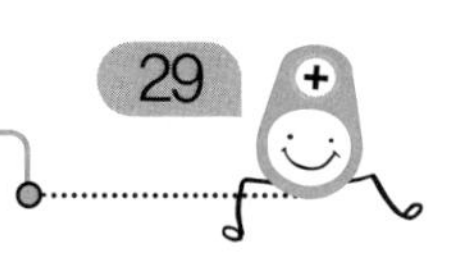

● 곱셈을 하시오.

(1)

	7	1
×		7

(2)

	7	3
×		2

(3)

	8	5
×		3

(4)

	7	6
×		6

(5)

	8	2
×		4

(6)

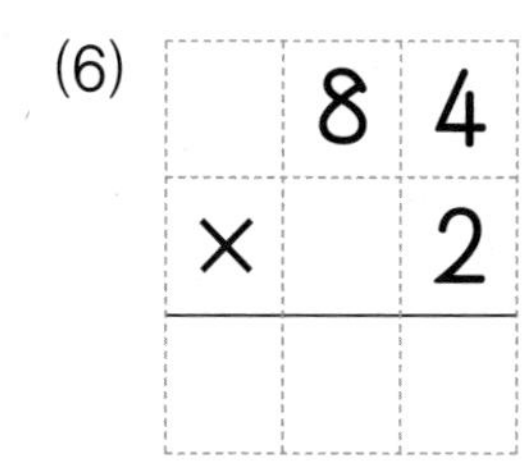

	8	4
×		2

(7)

	7	4
×		4

(8)

	8	7
×		4

(9)

	7	2
×		7

(10)

	8	1
×		6

(11)

	7	7
×		3

(12)

	8	8
×		3

(13)

	8	3
×		3

(14)

	7	5
×		5

(15)

	8	6
×		2

(16)

	7	9
×		3

● 곱셈을 하시오.

(1)

	8	2
×		3

(2)

	8	3
×		2

(3)

	9	6
×		3

(4)

	9	4
×		4

(5)

	9	1
×		8

(6)

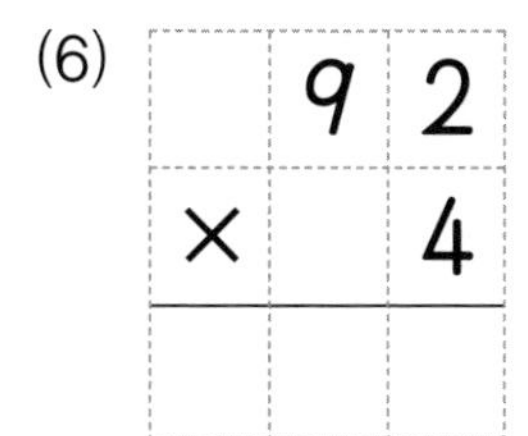

	9	2
×		4

(7)

	8	5
×		2

(8)

	8	6
×		3

(9)

	8	1
×		5

(10)

	9	5
×		2

(11)

	8	6
×		4

(12)

	9	8
×		2

(13)

	9	3
×		3

(14)

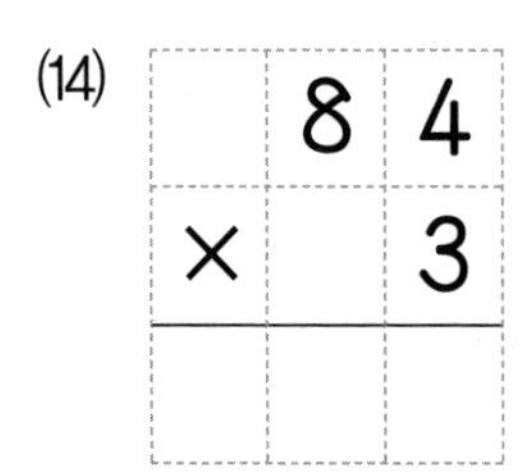

	8	4
×		3

(15)

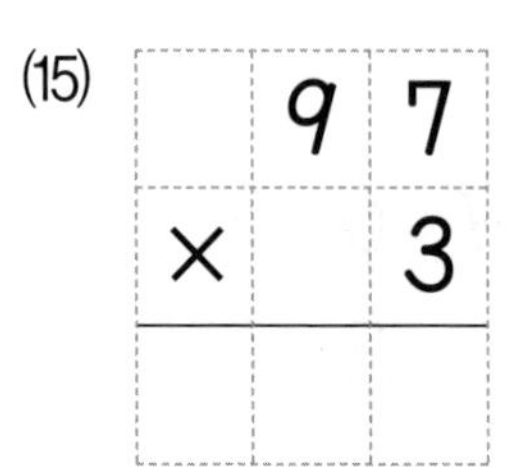

	9	7
×		3

(16)

	8	7
×		2

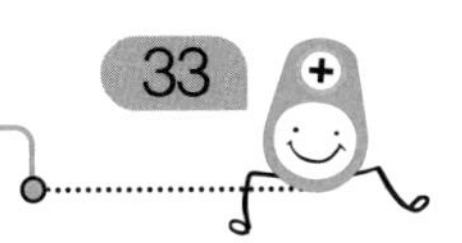

● 곱셈을 하시오.

(1)

	1	3
×		2

(2)

	3	2
×		2

(3)

	4	3
×		8

(4)

	6	3
×		8

(5)

	2	1
×		4

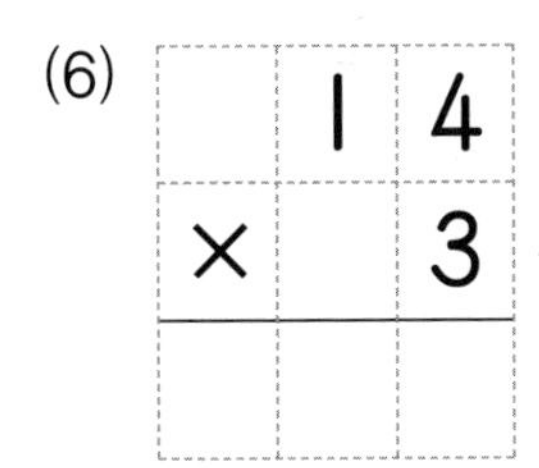

(6)

	1	4
×		3

(7)

	5	3
×		7

(8)

	7	4
×		6

(9)

	2	2
×		3

(10)

	5	7
×		4

(11)

	4	3
×		9

(12)

	6	4
×		5

(13)

	3	1
×		5

(14)

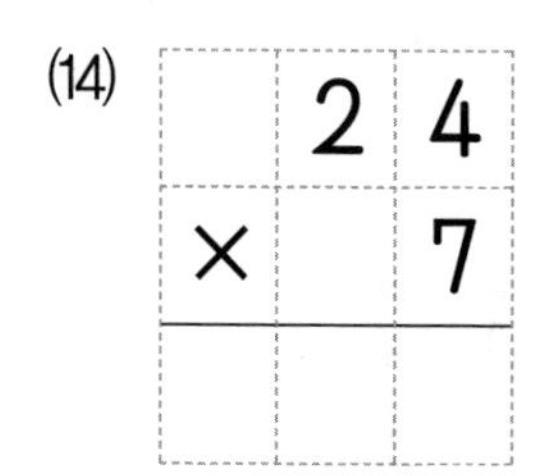

	2	4
×		7

(15)

	7	2
×		8

(16)

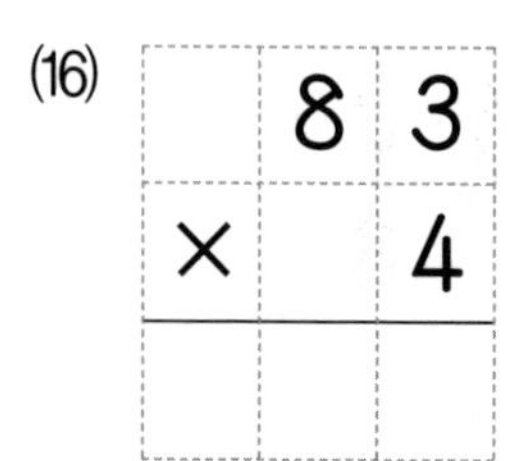

	8	3
×		4

● 곱셈을 하시오.

(1)

	4	5
×		9

(2)

	3	1
×		6

(3)

	7	3
×		4

(4)

	9	2
×		3

(5)

	5	6
×		3

(6)

	6	5
×		8

(7)

	3	5
×		7

(8)

	8	4
×		5

(9)

	2	5
×		2

(13)

	5	4
×		6

(10)

	4	6
×		9

(14)

	7	5
×		4

(11)

	6	6
×		6

(15)

	4	6
×		7

(12)

	8	5
×		4

(16)

	9	4
×		3

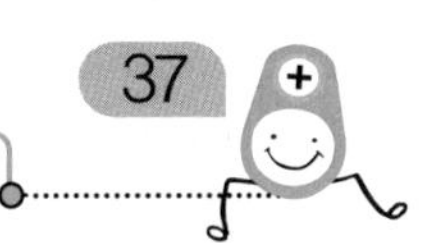

● 곱셈을 하시오.

(1)

	1	2
×		8

(2)

	5	2
×		8

(3)

	7	6
×		7

(4)

	9	4
×		5

(5)

	5	5
×		6

(6)

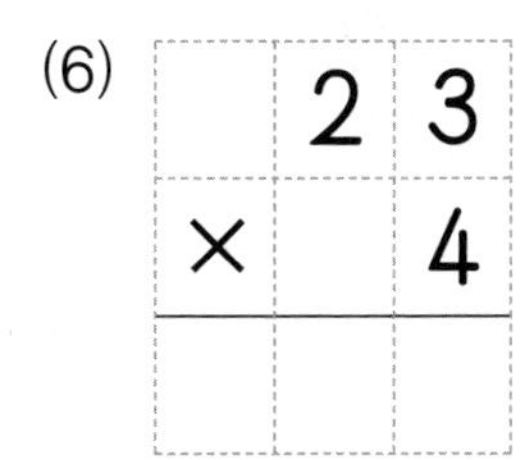

	2	3
×		4

(7)

	5	6
×		2

(8)

	8	5
×		5

(9)

	2	1
×		3

(10)

	4	2
×		9

(11)

	8	7
×		3

(12)

	6	5
×		9

(13)

	3	3
×		6

(14)

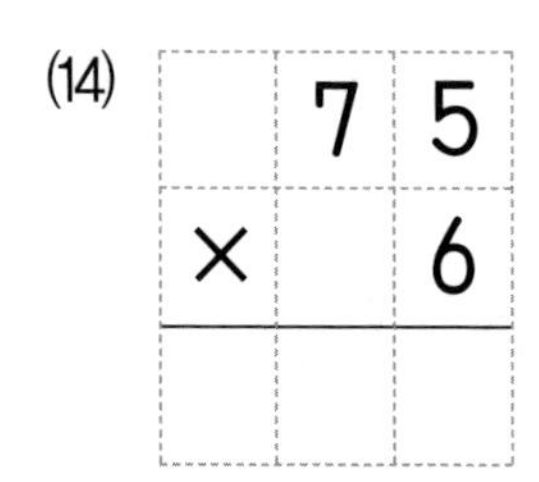

	7	5
×		6

(15)

	6	8
×		5

(16)

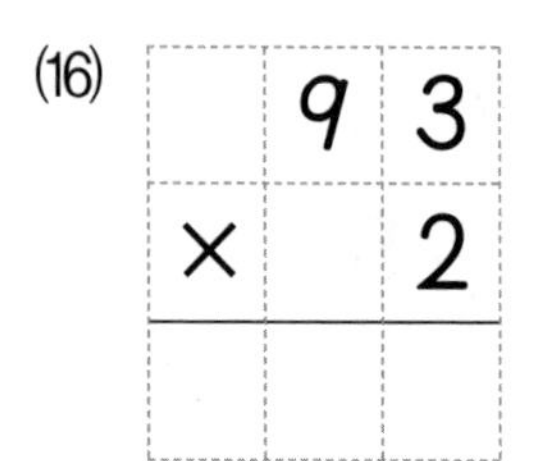

	9	3
×		2

● 곱셈을 하시오.

(1)

	3	7
×		9

(2)

	4	8
×		5

(3)

	7	3
×		6

(4)

	8	4
×		6

(5)

	5	3
×		8

(6)

	7	8
×		7

(7)

	6	7
×		8

(8)

	9	4
×		2

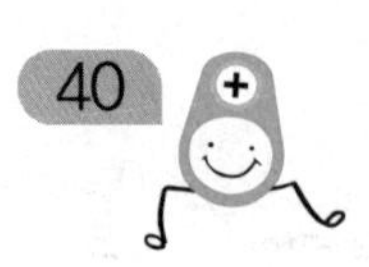

(9)

	4	9
×		4

(10)

	5	2
×		9

(11)

	9	6
×		5

(12)

	8	2
×		6

(13)

	3	4
×		8

(14)

	6	4
×		6

(15)

	8	5
×		7

(16)

	7	6
×		8

(두 자리 수)×(한 자리 수) (2)

요일	교재 번호	학습한 날짜	확인
1일차(월)	01~08	월 일	
2일차(화)	09~16	월 일	
3일차(수)	17~24	월 일	
4일차(목)	25~32	월 일	
5일차(금)	33~40	월 일	

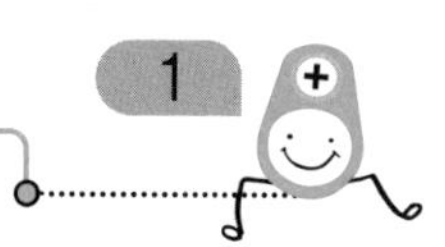

● 곱셈을 하시오.

(1)

	1	8
×		3

(2)

	4	8
×		2

(3)

	2	4
×		5

(4)

	8	2
×		2

(5)

	3	4
×		7

(6)

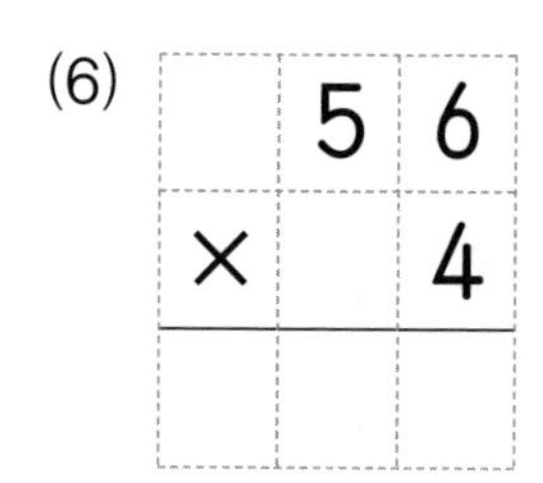

(7)

	7	5
×		6

(8)

	6	7
×		3

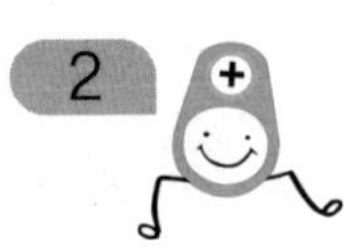

(9)

	2	3
×		7

(10)

	1	7
×		5

(11)

	7	4
×		6

(12)

	5	8
×		4

(13)

	8	4
×		3

(14)

	4	5
×		8

(15)

	3	6
×		2

(16)

	6	2
×		5

(17)

	9	3
×		3

(18)

	7	9
×		2

● 곱셈을 하시오.

(1)
$$\begin{array}{r} 10 \\ \times \quad 3 \\ \hline \end{array}$$

(2)
$$\begin{array}{r} 12 \\ \times \quad 3 \\ \hline \end{array}$$

(3)
$$\begin{array}{r} 14 \\ \times \quad 2 \\ \hline \end{array}$$

(4)
$$\begin{array}{r} 15 \\ \times \quad 4 \\ \hline \end{array}$$

(5)
$$\begin{array}{r} 20 \\ \times \quad 4 \\ \hline \end{array}$$

(6)
$$\begin{array}{r} 21 \\ \times \quad 2 \\ \hline \end{array}$$

(7)
$$\begin{array}{r} 23 \\ \times \quad 3 \\ \hline \end{array}$$

(8)
$$\begin{array}{r} 24 \\ \times \quad 5 \\ \hline \end{array}$$

(9) $\begin{array}{r} 12 \\ \times \quad 4 \\ \hline \end{array}$

(10) $\begin{array}{r} 14 \\ \times \quad 8 \\ \hline \end{array}$

(11) $\begin{array}{r} 23 \\ \times \quad 2 \\ \hline \end{array}$

(12) $\begin{array}{r} 21 \\ \times \quad 7 \\ \hline \end{array}$

(13) $\begin{array}{r} 25 \\ \times \quad 6 \\ \hline \end{array}$

(14) $\begin{array}{r} 21 \\ \times \quad 4 \\ \hline \end{array}$

(15) $\begin{array}{r} 22 \\ \times \quad 4 \\ \hline \end{array}$

(16) $\begin{array}{r} 17 \\ \times \quad 7 \\ \hline \end{array}$

(17) $\begin{array}{r} 26 \\ \times \quad 4 \\ \hline \end{array}$

(18) $\begin{array}{r} 28 \\ \times \quad 8 \\ \hline \end{array}$

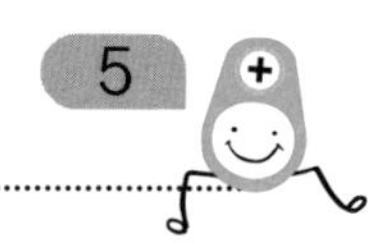

● 곱셈을 하시오.

(1)
$$\begin{array}{r} 21 \\ \times \quad 5 \\ \hline \end{array}$$

(2)
$$\begin{array}{r} 21 \\ \times \quad 6 \\ \hline \end{array}$$

(3)
$$\begin{array}{r} 21 \\ \times \quad 8 \\ \hline \end{array}$$

(4)
$$\begin{array}{r} 31 \\ \times \quad 8 \\ \hline \end{array}$$

(5)
$$\begin{array}{r} 32 \\ \times \quad 2 \\ \hline \end{array}$$

(6)
$$\begin{array}{r} 32 \\ \times \quad 4 \\ \hline \end{array}$$

(7)
$$\begin{array}{r} 33 \\ \times \quad 3 \\ \hline \end{array}$$

(8)
$$\begin{array}{r} 33 \\ \times \quad 4 \\ \hline \end{array}$$

(9)
$$\begin{array}{r} 23 \\ \times \quad 2 \\ \hline \end{array}$$

(10)
$$\begin{array}{r} 24 \\ \times \quad 2 \\ \hline \end{array}$$

(11)
$$\begin{array}{r} 24 \\ \times \quad 3 \\ \hline \end{array}$$

(12)
$$\begin{array}{r} 24 \\ \times \quad 4 \\ \hline \end{array}$$

(13)
$$\begin{array}{r} 25 \\ \times \quad 4 \\ \hline \end{array}$$

(14)
$$\begin{array}{r} 34 \\ \times \quad 2 \\ \hline \end{array}$$

(15)
$$\begin{array}{r} 35 \\ \times \quad 3 \\ \hline \end{array}$$

(16)
$$\begin{array}{r} 26 \\ \times \quad 7 \\ \hline \end{array}$$

(17)
$$\begin{array}{r} 38 \\ \times \quad 3 \\ \hline \end{array}$$

(18)
$$\begin{array}{r} 34 \\ \times \quad 6 \\ \hline \end{array}$$

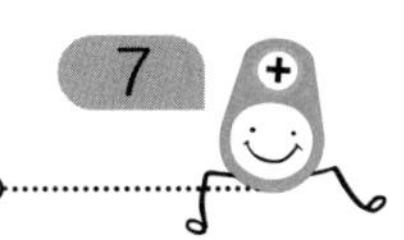

● 곱셈을 하시오.

(1) $\begin{array}{r} 21 \\ \times \quad 2 \\ \hline \end{array}$

(2) $\begin{array}{r} 21 \\ \times \quad 3 \\ \hline \end{array}$

(3) $\begin{array}{r} 15 \\ \times \quad 4 \\ \hline \end{array}$

(4) $\begin{array}{r} 35 \\ \times \quad 2 \\ \hline \end{array}$

(5) $\begin{array}{r} 18 \\ \times \quad 2 \\ \hline \end{array}$

(6) $\begin{array}{r} 12 \\ \times \quad 8 \\ \hline \end{array}$

(7) $\begin{array}{r} 26 \\ \times \quad 3 \\ \hline \end{array}$

(8) $\begin{array}{r} 36 \\ \times \quad 4 \\ \hline \end{array}$

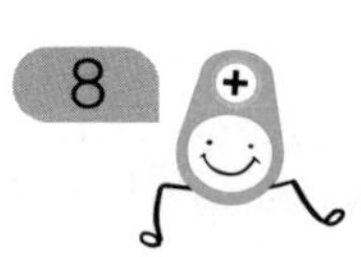

(9)
$$\begin{array}{r} 13 \\ \times\quad 2 \\ \hline \end{array}$$

(10)
$$\begin{array}{r} 37 \\ \times\quad 3 \\ \hline \end{array}$$

(11)
$$\begin{array}{r} 21 \\ \times\quad 7 \\ \hline \end{array}$$

(12)
$$\begin{array}{r} 22 \\ \times\quad 2 \\ \hline \end{array}$$

(13)
$$\begin{array}{r} 33 \\ \times\quad 4 \\ \hline \end{array}$$

(14)
$$\begin{array}{r} 31 \\ \times\quad 5 \\ \hline \end{array}$$

(15)
$$\begin{array}{r} 18 \\ \times\quad 6 \\ \hline \end{array}$$

(16)
$$\begin{array}{r} 25 \\ \times\quad 3 \\ \hline \end{array}$$

(17)
$$\begin{array}{r} 28 \\ \times\quad 5 \\ \hline \end{array}$$

(18)
$$\begin{array}{r} 39 \\ \times\quad 6 \\ \hline \end{array}$$

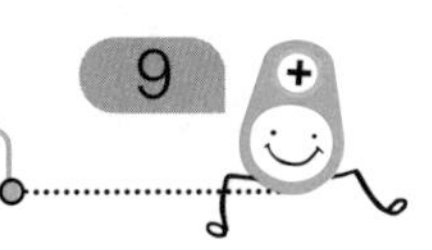

● 곱셈을 하시오.

(1) $\begin{array}{r} 11 \\ \times \quad 6 \\ \hline \end{array}$

(2) $\begin{array}{r} 21 \\ \times \quad 6 \\ \hline \end{array}$

(3) $\begin{array}{r} 32 \\ \times \quad 3 \\ \hline \end{array}$

(4) $\begin{array}{r} 31 \\ \times \quad 9 \\ \hline \end{array}$

(5) $\begin{array}{r} 26 \\ \times \quad 5 \\ \hline \end{array}$

(6) $\begin{array}{r} 12 \\ \times \quad 2 \\ \hline \end{array}$

(7) $\begin{array}{r} 38 \\ \times \quad 4 \\ \hline \end{array}$

(8) $\begin{array}{r} 27 \\ \times \quad 5 \\ \hline \end{array}$

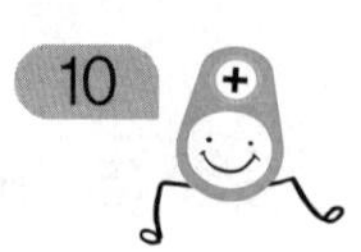

(9) $\begin{array}{r} 12 \\ \times \quad 4 \\ \hline \end{array}$

(10) $\begin{array}{r} 29 \\ \times \quad 3 \\ \hline \end{array}$

(11) $\begin{array}{r} 16 \\ \times \quad 5 \\ \hline \end{array}$

(12) $\begin{array}{r} 34 \\ \times \quad 3 \\ \hline \end{array}$

(13) $\begin{array}{r} 19 \\ \times \quad 8 \\ \hline \end{array}$

(14) $\begin{array}{r} 28 \\ \times \quad 3 \\ \hline \end{array}$

(15) $\begin{array}{r} 21 \\ \times \quad 9 \\ \hline \end{array}$

(16) $\begin{array}{r} 28 \\ \times \quad 6 \\ \hline \end{array}$

(17) $\begin{array}{r} 31 \\ \times \quad 7 \\ \hline \end{array}$

(18) $\begin{array}{r} 37 \\ \times \quad 4 \\ \hline \end{array}$

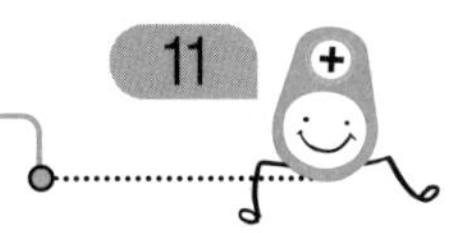

● 곱셈을 하시오.

(1) $\begin{array}{r} 21 \\ \times \quad 3 \\ \hline \end{array}$

(2) $\begin{array}{r} 21 \\ \times \quad 4 \\ \hline \end{array}$

(3) $\begin{array}{r} 22 \\ \times \quad 4 \\ \hline \end{array}$

(4) $\begin{array}{r} 22 \\ \times \quad 5 \\ \hline \end{array}$

(5) $\begin{array}{r} 31 \\ \times \quad 4 \\ \hline \end{array}$

(6) $\begin{array}{r} 32 \\ \times \quad 3 \\ \hline \end{array}$

(7) $\begin{array}{r} 27 \\ \times \quad 3 \\ \hline \end{array}$

(8) $\begin{array}{r} 37 \\ \times \quad 5 \\ \hline \end{array}$

(9) $\begin{array}{r} 22 \\ \times \quad 3 \\ \hline \end{array}$

(10) $\begin{array}{r} 33 \\ \times \quad 3 \\ \hline \end{array}$

(11) $\begin{array}{r} 32 \\ \times \quad 4 \\ \hline \end{array}$

(12) $\begin{array}{r} 25 \\ \times \quad 5 \\ \hline \end{array}$

(13) $\begin{array}{r} 35 \\ \times \quad 4 \\ \hline \end{array}$

(14) $\begin{array}{r} 34 \\ \times \quad 2 \\ \hline \end{array}$

(15) $\begin{array}{r} 32 \\ \times \quad 5 \\ \hline \end{array}$

(16) $\begin{array}{r} 23 \\ \times \quad 3 \\ \hline \end{array}$

(17) $\begin{array}{r} 38 \\ \times \quad 2 \\ \hline \end{array}$

(18) $\begin{array}{r} 26 \\ \times \quad 8 \\ \hline \end{array}$

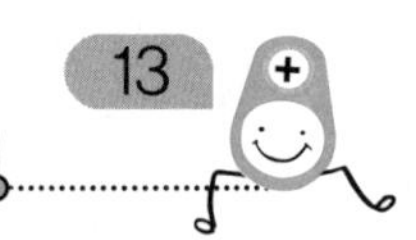

● 곱셈을 하시오.

(1) 41×4

(2) 44×2

(3) 42×3

(4) 36×3

(5) 42×2

(6) 33×2

(7) 32×6

(8) 42×5

(9)
$$\begin{array}{r} 31 \\ \times \quad 3 \\ \hline \end{array}$$

(10)
$$\begin{array}{r} 41 \\ \times \quad 8 \\ \hline \end{array}$$

(11)
$$\begin{array}{r} 37 \\ \times \quad 6 \\ \hline \end{array}$$

(12)
$$\begin{array}{r} 43 \\ \times \quad 2 \\ \hline \end{array}$$

(13)
$$\begin{array}{r} 44 \\ \times \quad 8 \\ \hline \end{array}$$

(14)
$$\begin{array}{r} 42 \\ \times \quad 4 \\ \hline \end{array}$$

(15)
$$\begin{array}{r} 38 \\ \times \quad 5 \\ \hline \end{array}$$

(16)
$$\begin{array}{r} 35 \\ \times \quad 7 \\ \hline \end{array}$$

(17)
$$\begin{array}{r} 36 \\ \times \quad 7 \\ \hline \end{array}$$

(18)
$$\begin{array}{r} 45 \\ \times \quad 7 \\ \hline \end{array}$$

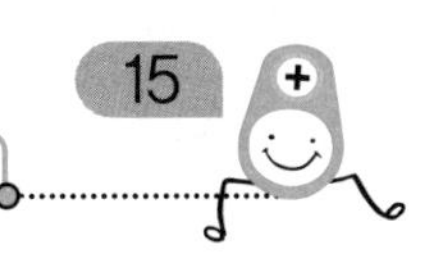

● 곱셈을 하시오.

(1)
$$\begin{array}{r} 22 \\ \times \quad 3 \\ \hline \end{array}$$

(2)
$$\begin{array}{r} 32 \\ \times \quad 3 \\ \hline \end{array}$$

(3)
$$\begin{array}{r} 42 \\ \times \quad 3 \\ \hline \end{array}$$

(4)
$$\begin{array}{r} 24 \\ \times \quad 3 \\ \hline \end{array}$$

(5)
$$\begin{array}{r} 27 \\ \times \quad 2 \\ \hline \end{array}$$

(6)
$$\begin{array}{r} 23 \\ \times \quad 5 \\ \hline \end{array}$$

(7)
$$\begin{array}{r} 35 \\ \times \quad 2 \\ \hline \end{array}$$

(8)
$$\begin{array}{r} 45 \\ \times \quad 2 \\ \hline \end{array}$$

(9)
$$\begin{array}{r} 26 \\ \times \quad 9 \\ \hline \end{array}$$

(10)
$$\begin{array}{r} 36 \\ \times \quad 2 \\ \hline \end{array}$$

(11)
$$\begin{array}{r} 26 \\ \times \quad 3 \\ \hline \end{array}$$

(12)
$$\begin{array}{r} 33 \\ \times \quad 4 \\ \hline \end{array}$$

(13)
$$\begin{array}{r} 43 \\ \times \quad 4 \\ \hline \end{array}$$

(14)
$$\begin{array}{r} 24 \\ \times \quad 2 \\ \hline \end{array}$$

(15)
$$\begin{array}{r} 34 \\ \times \quad 2 \\ \hline \end{array}$$

(16)
$$\begin{array}{r} 44 \\ \times \quad 2 \\ \hline \end{array}$$

(17)
$$\begin{array}{r} 47 \\ \times \quad 6 \\ \hline \end{array}$$

(18)
$$\begin{array}{r} 37 \\ \times \quad 6 \\ \hline \end{array}$$

● 곱셈을 하시오.

(1) $\begin{array}{r} 11 \\ \times \quad 7 \\ \hline \end{array}$

(2) $\begin{array}{r} 41 \\ \times \quad 7 \\ \hline \end{array}$

(3) $\begin{array}{r} 32 \\ \times \quad 4 \\ \hline \end{array}$

(4) $\begin{array}{r} 46 \\ \times \quad 5 \\ \hline \end{array}$

(5) $\begin{array}{r} 36 \\ \times \quad 3 \\ \hline \end{array}$

(6) $\begin{array}{r} 27 \\ \times \quad 4 \\ \hline \end{array}$

(7) $\begin{array}{r} 43 \\ \times \quad 3 \\ \hline \end{array}$

(8) $\begin{array}{r} 39 \\ \times \quad 5 \\ \hline \end{array}$

(9)
$$\begin{array}{r} 24 \\ \times \quad 2 \\ \hline \end{array}$$

(10)
$$\begin{array}{r} 41 \\ \times \quad 3 \\ \hline \end{array}$$

(11)
$$\begin{array}{r} 38 \\ \times \quad 3 \\ \hline \end{array}$$

(12)
$$\begin{array}{r} 35 \\ \times \quad 7 \\ \hline \end{array}$$

(13)
$$\begin{array}{r} 45 \\ \times \quad 7 \\ \hline \end{array}$$

(14)
$$\begin{array}{r} 37 \\ \times \quad 2 \\ \hline \end{array}$$

(15)
$$\begin{array}{r} 38 \\ \times \quad 2 \\ \hline \end{array}$$

(16)
$$\begin{array}{r} 44 \\ \times \quad 6 \\ \hline \end{array}$$

(17)
$$\begin{array}{r} 49 \\ \times \quad 2 \\ \hline \end{array}$$

(18)
$$\begin{array}{r} 46 \\ \times \quad 7 \\ \hline \end{array}$$

● 곱셈을 하시오.

(1) $\begin{array}{r} 33 \\ \times \quad 2 \\ \hline \end{array}$

(2) $\begin{array}{r} 43 \\ \times \quad 2 \\ \hline \end{array}$

(3) $\begin{array}{r} 34 \\ \times \quad 2 \\ \hline \end{array}$

(4) $\begin{array}{r} 42 \\ \times \quad 4 \\ \hline \end{array}$

(5) $\begin{array}{r} 31 \\ \times \quad 5 \\ \hline \end{array}$

(6) $\begin{array}{r} 41 \\ \times \quad 5 \\ \hline \end{array}$

(7) $\begin{array}{r} 33 \\ \times \quad 4 \\ \hline \end{array}$

(8) $\begin{array}{r} 43 \\ \times \quad 4 \\ \hline \end{array}$

(9)
$$\begin{array}{r} 4\ 4 \\ \times \quad 2 \\ \hline \end{array}$$

(10)
$$\begin{array}{r} 3\ 4 \\ \times \quad 3 \\ \hline \end{array}$$

(11)
$$\begin{array}{r} 4\ 4 \\ \times \quad 3 \\ \hline \end{array}$$

(12)
$$\begin{array}{r} 3\ 9 \\ \times \quad 3 \\ \hline \end{array}$$

(13)
$$\begin{array}{r} 4\ 9 \\ \times \quad 3 \\ \hline \end{array}$$

(14)
$$\begin{array}{r} 3\ 7 \\ \times \quad 2 \\ \hline \end{array}$$

(15)
$$\begin{array}{r} 4\ 7 \\ \times \quad 2 \\ \hline \end{array}$$

(16)
$$\begin{array}{r} 3\ 8 \\ \times \quad 2 \\ \hline \end{array}$$

(17)
$$\begin{array}{r} 4\ 8 \\ \times \quad 2 \\ \hline \end{array}$$

(18)
$$\begin{array}{r} 3\ 8 \\ \times \quad 4 \\ \hline \end{array}$$

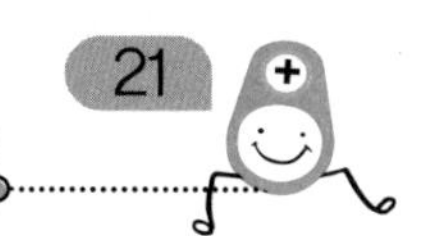

● 곱셈을 하시오.

(1)
$$\begin{array}{r} 43 \\ \times \quad 2 \\ \hline \end{array}$$

(2)
$$\begin{array}{r} 42 \\ \times \quad 3 \\ \hline \end{array}$$

(3)
$$\begin{array}{r} 43 \\ \times \quad 4 \\ \hline \end{array}$$

(4)
$$\begin{array}{r} 54 \\ \times \quad 3 \\ \hline \end{array}$$

(5)
$$\begin{array}{r} 52 \\ \times \quad 2 \\ \hline \end{array}$$

(6)
$$\begin{array}{r} 53 \\ \times \quad 2 \\ \hline \end{array}$$

(7)
$$\begin{array}{r} 45 \\ \times \quad 2 \\ \hline \end{array}$$

(8)
$$\begin{array}{r} 52 \\ \times \quad 5 \\ \hline \end{array}$$

(9) $\begin{array}{r} 52 \\ \times \quad 3 \\ \hline \end{array}$

(10) $\begin{array}{r} 54 \\ \times \quad 2 \\ \hline \end{array}$

(11) $\begin{array}{r} 46 \\ \times \quad 3 \\ \hline \end{array}$

(12) $\begin{array}{r} 56 \\ \times \quad 3 \\ \hline \end{array}$

(13) $\begin{array}{r} 49 \\ \times \quad 4 \\ \hline \end{array}$

(14) $\begin{array}{r} 41 \\ \times \quad 6 \\ \hline \end{array}$

(15) $\begin{array}{r} 42 \\ \times \quad 6 \\ \hline \end{array}$

(16) $\begin{array}{r} 55 \\ \times \quad 2 \\ \hline \end{array}$

(17) $\begin{array}{r} 47 \\ \times \quad 4 \\ \hline \end{array}$

(18) $\begin{array}{r} 57 \\ \times \quad 2 \\ \hline \end{array}$

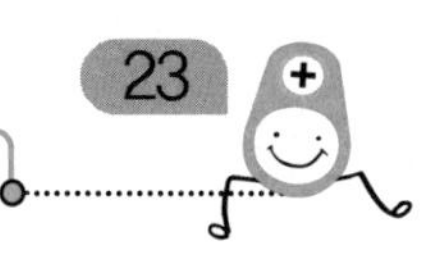

● 곱셈을 하시오.

(1) $\begin{array}{r} 31 \\ \times \quad 6 \\ \hline \end{array}$

(2) $\begin{array}{r} 31 \\ \times \quad 7 \\ \hline \end{array}$

(3) $\begin{array}{r} 41 \\ \times \quad 2 \\ \hline \end{array}$

(4) $\begin{array}{r} 41 \\ \times \quad 3 \\ \hline \end{array}$

(5) $\begin{array}{r} 36 \\ \times \quad 3 \\ \hline \end{array}$

(6) $\begin{array}{r} 46 \\ \times \quad 2 \\ \hline \end{array}$

(7) $\begin{array}{r} 51 \\ \times \quad 2 \\ \hline \end{array}$

(8) $\begin{array}{r} 51 \\ \times \quad 3 \\ \hline \end{array}$

(9)
$$\begin{array}{r} 34 \\ \times \quad 2 \\ \hline \end{array}$$

(10)
$$\begin{array}{r} 44 \\ \times \quad 2 \\ \hline \end{array}$$

(11)
$$\begin{array}{r} 54 \\ \times \quad 2 \\ \hline \end{array}$$

(12)
$$\begin{array}{r} 47 \\ \times \quad 2 \\ \hline \end{array}$$

(13)
$$\begin{array}{r} 57 \\ \times \quad 3 \\ \hline \end{array}$$

(14)
$$\begin{array}{r} 36 \\ \times \quad 5 \\ \hline \end{array}$$

(15)
$$\begin{array}{r} 43 \\ \times \quad 3 \\ \hline \end{array}$$

(16)
$$\begin{array}{r} 56 \\ \times \quad 2 \\ \hline \end{array}$$

(17)
$$\begin{array}{r} 48 \\ \times \quad 3 \\ \hline \end{array}$$

(18)
$$\begin{array}{r} 59 \\ \times \quad 3 \\ \hline \end{array}$$

● 곱셈을 하시오.

(1)
$$\begin{array}{r} 22 \\ \times \quad 4 \\ \hline \end{array}$$

(2)
$$\begin{array}{r} 42 \\ \times \quad 4 \\ \hline \end{array}$$

(3)
$$\begin{array}{r} 33 \\ \times \quad 3 \\ \hline \end{array}$$

(4)
$$\begin{array}{r} 44 \\ \times \quad 3 \\ \hline \end{array}$$

(5)
$$\begin{array}{r} 31 \\ \times \quad 2 \\ \hline \end{array}$$

(6)
$$\begin{array}{r} 41 \\ \times \quad 2 \\ \hline \end{array}$$

(7)
$$\begin{array}{r} 36 \\ \times \quad 2 \\ \hline \end{array}$$

(8)
$$\begin{array}{r} 45 \\ \times \quad 2 \\ \hline \end{array}$$

(9)
$$\begin{array}{r} 3\ 7 \\ \times \quad 4 \\ \hline \end{array}$$

(10)
$$\begin{array}{r} 4\ 7 \\ \times \quad 4 \\ \hline \end{array}$$

(11)
$$\begin{array}{r} 3\ 6 \\ \times \quad 4 \\ \hline \end{array}$$

(12)
$$\begin{array}{r} 3\ 7 \\ \times \quad 6 \\ \hline \end{array}$$

(13)
$$\begin{array}{r} 3\ 8 \\ \times \quad 5 \\ \hline \end{array}$$

(14)
$$\begin{array}{r} 3\ 5 \\ \times \quad 3 \\ \hline \end{array}$$

(15)
$$\begin{array}{r} 4\ 5 \\ \times \quad 5 \\ \hline \end{array}$$

(16)
$$\begin{array}{r} 4\ 6 \\ \times \quad 4 \\ \hline \end{array}$$

(17)
$$\begin{array}{r} 4\ 8 \\ \times \quad 3 \\ \hline \end{array}$$

(18)
$$\begin{array}{r} 4\ 9 \\ \times \quad 4 \\ \hline \end{array}$$

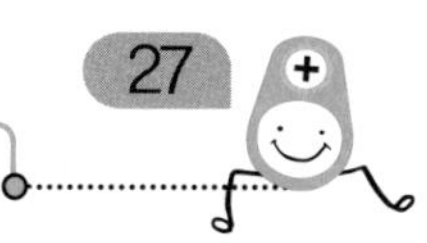

● 곱셈을 하시오.

(1)
$$\begin{array}{r} 53 \\ \times \quad 3 \\ \hline \end{array}$$

(2)
$$\begin{array}{r} 54 \\ \times \quad 2 \\ \hline \end{array}$$

(3)
$$\begin{array}{r} 43 \\ \times \quad 3 \\ \hline \end{array}$$

(4)
$$\begin{array}{r} 44 \\ \times \quad 5 \\ \hline \end{array}$$

(5)
$$\begin{array}{r} 51 \\ \times \quad 2 \\ \hline \end{array}$$

(6)
$$\begin{array}{r} 42 \\ \times \quad 3 \\ \hline \end{array}$$

(7)
$$\begin{array}{r} 53 \\ \times \quad 5 \\ \hline \end{array}$$

(8)
$$\begin{array}{r} 55 \\ \times \quad 6 \\ \hline \end{array}$$

(9)
$$\begin{array}{r} 5\ 6 \\ \times \quad 3 \\ \hline \end{array}$$

(10)
$$\begin{array}{r} 4\ 1 \\ \times \quad 2 \\ \hline \end{array}$$

(11)
$$\begin{array}{r} 4\ 7 \\ \times \quad 2 \\ \hline \end{array}$$

(12)
$$\begin{array}{r} 4\ 7 \\ \times \quad 3 \\ \hline \end{array}$$

(13)
$$\begin{array}{r} 5\ 8 \\ \times \quad 6 \\ \hline \end{array}$$

(14)
$$\begin{array}{r} 4\ 9 \\ \times \quad 5 \\ \hline \end{array}$$

(15)
$$\begin{array}{r} 5\ 5 \\ \times \quad 2 \\ \hline \end{array}$$

(16)
$$\begin{array}{r} 4\ 6 \\ \times \quad 2 \\ \hline \end{array}$$

(17)
$$\begin{array}{r} 4\ 8 \\ \times \quad 5 \\ \hline \end{array}$$

(18)
$$\begin{array}{r} 5\ 9 \\ \times \quad 8 \\ \hline \end{array}$$

● 곱셈을 하시오.

(1)
$$\begin{array}{r} 51 \\ \times\quad 4 \\ \hline \end{array}$$

(2)
$$\begin{array}{r} 52 \\ \times\quad 4 \\ \hline \end{array}$$

(3)
$$\begin{array}{r} 53 \\ \times\quad 4 \\ \hline \end{array}$$

(4)
$$\begin{array}{r} 62 \\ \times\quad 3 \\ \hline \end{array}$$

(5)
$$\begin{array}{r} 64 \\ \times\quad 2 \\ \hline \end{array}$$

(6)
$$\begin{array}{r} 62 \\ \times\quad 4 \\ \hline \end{array}$$

(7)
$$\begin{array}{r} 63 \\ \times\quad 4 \\ \hline \end{array}$$

(8)
$$\begin{array}{r} 52 \\ \times\quad 6 \\ \hline \end{array}$$

(9)
$$\begin{array}{r} 58 \\ \times \quad 2 \\ \hline \end{array}$$

(10)
$$\begin{array}{r} 58 \\ \times \quad 4 \\ \hline \end{array}$$

(11)
$$\begin{array}{r} 68 \\ \times \quad 4 \\ \hline \end{array}$$

(12)
$$\begin{array}{r} 66 \\ \times \quad 3 \\ \hline \end{array}$$

(13)
$$\begin{array}{r} 56 \\ \times \quad 4 \\ \hline \end{array}$$

(14)
$$\begin{array}{r} 67 \\ \times \quad 5 \\ \hline \end{array}$$

(15)
$$\begin{array}{r} 57 \\ \times \quad 3 \\ \hline \end{array}$$

(16)
$$\begin{array}{r} 65 \\ \times \quad 4 \\ \hline \end{array}$$

(17)
$$\begin{array}{r} 59 \\ \times \quad 5 \\ \hline \end{array}$$

(18)
$$\begin{array}{r} 69 \\ \times \quad 2 \\ \hline \end{array}$$

● 곱셈을 하시오.

(1)
$$\begin{array}{r} 42 \\ \times \quad 3 \\ \hline \end{array}$$

(2)
$$\begin{array}{r} 52 \\ \times \quad 5 \\ \hline \end{array}$$

(3)
$$\begin{array}{r} 44 \\ \times \quad 2 \\ \hline \end{array}$$

(4)
$$\begin{array}{r} 62 \\ \times \quad 3 \\ \hline \end{array}$$

(5)
$$\begin{array}{r} 43 \\ \times \quad 2 \\ \hline \end{array}$$

(6)
$$\begin{array}{r} 53 \\ \times \quad 3 \\ \hline \end{array}$$

(7)
$$\begin{array}{r} 54 \\ \times \quad 7 \\ \hline \end{array}$$

(8)
$$\begin{array}{r} 63 \\ \times \quad 5 \\ \hline \end{array}$$

(9) $\begin{array}{r} 41 \\ \times \quad 2 \\ \hline \end{array}$

(10) $\begin{array}{r} 46 \\ \times \quad 2 \\ \hline \end{array}$

(11) $\begin{array}{r} 47 \\ \times \quad 2 \\ \hline \end{array}$

(12) $\begin{array}{r} 54 \\ \times \quad 3 \\ \hline \end{array}$

(13) $\begin{array}{r} 55 \\ \times \quad 3 \\ \hline \end{array}$

(14) $\begin{array}{r} 49 \\ \times \quad 2 \\ \hline \end{array}$

(15) $\begin{array}{r} 58 \\ \times \quad 3 \\ \hline \end{array}$

(16) $\begin{array}{r} 68 \\ \times \quad 2 \\ \hline \end{array}$

(17) $\begin{array}{r} 69 \\ \times \quad 5 \\ \hline \end{array}$

(18) $\begin{array}{r} 65 \\ \times \quad 8 \\ \hline \end{array}$

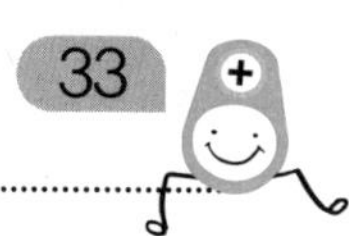

● 곱셈을 하시오.

(1)
$$\begin{array}{r} 11 \\ \times\quad 3 \\ \hline \end{array}$$

(2)
$$\begin{array}{r} 32 \\ \times\quad 4 \\ \hline \end{array}$$

(3)
$$\begin{array}{r} 34 \\ \times\quad 3 \\ \hline \end{array}$$

(4)
$$\begin{array}{r} 42 \\ \times\quad 3 \\ \hline \end{array}$$

(5)
$$\begin{array}{r} 24 \\ \times\quad 2 \\ \hline \end{array}$$

(6)
$$\begin{array}{r} 23 \\ \times\quad 4 \\ \hline \end{array}$$

(7)
$$\begin{array}{r} 53 \\ \times\quad 5 \\ \hline \end{array}$$

(8)
$$\begin{array}{r} 35 \\ \times\quad 3 \\ \hline \end{array}$$

(9) $\begin{array}{r} 17 \\ \times \quad 2 \\ \hline \end{array}$

(10) $\begin{array}{r} 26 \\ \times \quad 4 \\ \hline \end{array}$

(11) $\begin{array}{r} 48 \\ \times \quad 5 \\ \hline \end{array}$

(12) $\begin{array}{r} 38 \\ \times \quad 3 \\ \hline \end{array}$

(13) $\begin{array}{r} 69 \\ \times \quad 7 \\ \hline \end{array}$

(14) $\begin{array}{r} 55 \\ \times \quad 5 \\ \hline \end{array}$

(15) $\begin{array}{r} 46 \\ \times \quad 2 \\ \hline \end{array}$

(16) $\begin{array}{r} 62 \\ \times \quad 6 \\ \hline \end{array}$

(17) $\begin{array}{r} 67 \\ \times \quad 8 \\ \hline \end{array}$

(18) $\begin{array}{r} 58 \\ \times \quad 6 \\ \hline \end{array}$

● 곱셈을 하시오.

(1) $\begin{array}{r} 11 \\ \times \quad 5 \\ \hline \end{array}$

(2) $\begin{array}{r} 22 \\ \times \quad 5 \\ \hline \end{array}$

(3) $\begin{array}{r} 52 \\ \times \quad 7 \\ \hline \end{array}$

(4) $\begin{array}{r} 54 \\ \times \quad 9 \\ \hline \end{array}$

(5) $\begin{array}{r} 42 \\ \times \quad 3 \\ \hline \end{array}$

(6) $\begin{array}{r} 44 \\ \times \quad 8 \\ \hline \end{array}$

(7) $\begin{array}{r} 33 \\ \times \quad 6 \\ \hline \end{array}$

(8) $\begin{array}{r} 63 \\ \times \quad 4 \\ \hline \end{array}$

(9)
$$\begin{array}{r} 29 \\ \times \quad 3 \\ \hline \end{array}$$

(10)
$$\begin{array}{r} 27 \\ \times \quad 5 \\ \hline \end{array}$$

(11)
$$\begin{array}{r} 47 \\ \times \quad 2 \\ \hline \end{array}$$

(12)
$$\begin{array}{r} 56 \\ \times \quad 5 \\ \hline \end{array}$$

(13)
$$\begin{array}{r} 68 \\ \times \quad 7 \\ \hline \end{array}$$

(14)
$$\begin{array}{r} 18 \\ \times \quad 6 \\ \hline \end{array}$$

(15)
$$\begin{array}{r} 41 \\ \times \quad 2 \\ \hline \end{array}$$

(16)
$$\begin{array}{r} 36 \\ \times \quad 3 \\ \hline \end{array}$$

(17)
$$\begin{array}{r} 66 \\ \times \quad 4 \\ \hline \end{array}$$

(18)
$$\begin{array}{r} 57 \\ \times \quad 4 \\ \hline \end{array}$$

● |보기|와 같이 틀린 답을 바르게 고치시오.

|보기|

$$\begin{array}{r} 52 \\ \times \quad 3 \\ \hline \cancel{21} \end{array} \ 156$$

(1)
$$\begin{array}{r} 14 \\ \times \quad 2 \\ \hline 10 \end{array}$$

(3)
$$\begin{array}{r} 34 \\ \times \quad 2 \\ \hline 14 \end{array}$$

(2)
$$\begin{array}{r} 23 \\ \times \quad 3 \\ \hline 15 \end{array}$$

(4)
$$\begin{array}{r} 44 \\ \times \quad 2 \\ \hline 16 \end{array}$$

Talk

$$\begin{array}{r} 52 \\ \times \quad 3 \\ \hline 6 \\ 15 \\ \hline \cancel{21} \end{array} \Rightarrow \begin{array}{r} 52 \\ \times \quad 3 \\ \hline 6 \\ 150 \\ \hline 156 \end{array}$$

52×3의 계산에서 곱해지는 수 52의 십의 자리의 곱은
5×3=15가 아니라 50×3=150입니다.
따라서 1은 **백**의 자리에, 5는 **십**의 자리에 써야 함에 주의합니다.

(5)
$$\begin{array}{r} 2\ 1 \\ \times\quad 6 \\ \hline 1\ 8 \end{array}$$

(6)
$$\begin{array}{r} 4\ 2 \\ \times\quad 3 \\ \hline 1\ 8 \end{array}$$

(7)
$$\begin{array}{r} 6\ 7 \\ \times\quad 8 \\ \hline 1\ 0\ 4 \end{array}$$

(8)
$$\begin{array}{r} 5\ 2 \\ \times\quad 4 \\ \hline 2\ 8 \end{array}$$

(9)
$$\begin{array}{r} 6\ 4 \\ \times\quad 5 \\ \hline 5\ 0 \end{array}$$

(10)
$$\begin{array}{r} 2\ 4 \\ \times\quad 6 \\ \hline 3\ 6 \end{array}$$

(11)
$$\begin{array}{r} 5\ 7 \\ \times\quad 4 \\ \hline 4\ 8 \end{array}$$

(12)
$$\begin{array}{r} 3\ 1 \\ \times\quad 8 \\ \hline 3\ 2 \end{array}$$

(13)
$$\begin{array}{r} 7\ 8 \\ \times\quad 8 \\ \hline 1\ 2\ 0 \end{array}$$

(14)
$$\begin{array}{r} 9\ 3 \\ \times\quad 4 \\ \hline 4\ 8 \end{array}$$

● |보기|와 같이 틀린 답을 바르게 고치시오.

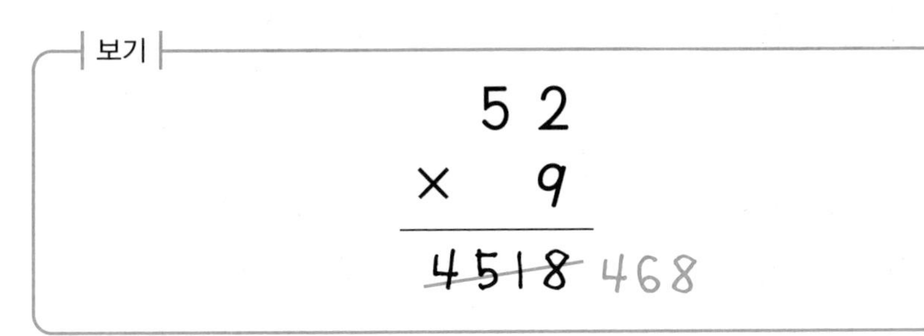

(1)
$$\begin{array}{r} 36 \\ \times \quad 5 \\ \hline 1530 \end{array}$$

(3)
$$\begin{array}{r} 58 \\ \times \quad 8 \\ \hline 4064 \end{array}$$

(2)
$$\begin{array}{r} 49 \\ \times \quad 4 \\ \hline 1636 \end{array}$$

(4)
$$\begin{array}{r} 64 \\ \times \quad 7 \\ \hline 4228 \end{array}$$

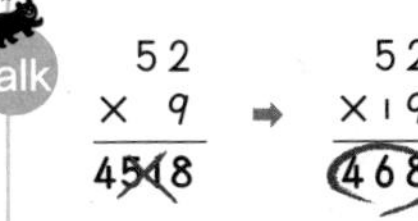

52×9의 계산을 할 때 일의 자리의 곱 2×9=18에서 10을 올림하여 십의 자리의 곱 50×9=450에 더하면 십의 자리 계산은 450+10=460이 됩니다.
따라서 4는 **백**의 자리에, 6은 **십**의 자리에 써야 함에 주의합니다.

(5) $$\begin{array}{r} 6\ 5 \\ \times \quad 7 \\ \hline 4235 \end{array}$$

(6) $$\begin{array}{r} 7\ 2 \\ \times \quad 8 \\ \hline 5616 \end{array}$$

(7) $$\begin{array}{r} 9\ 4 \\ \times \quad 3 \\ \hline 2712 \end{array}$$

(8) $$\begin{array}{r} 8\ 9 \\ \times \quad 6 \\ \hline 4854 \end{array}$$

(9) $$\begin{array}{r} 4\ 8 \\ \times \quad 3 \\ \hline 1224 \end{array}$$

(10) $$\begin{array}{r} 8\ 6 \\ \times \quad 4 \\ \hline 3224 \end{array}$$

(11) $$\begin{array}{r} 6\ 8 \\ \times \quad 5 \\ \hline 3040 \end{array}$$

(12) $$\begin{array}{r} 5\ 6 \\ \times \quad 4 \\ \hline 2024 \end{array}$$

(13) $$\begin{array}{r} 7\ 8 \\ \times \quad 9 \\ \hline 6372 \end{array}$$

(14) $$\begin{array}{r} 9\ 6 \\ \times \quad 3 \\ \hline 2718 \end{array}$$

(두 자리 수)×(한 자리 수) (3)

요일	교재 번호	학습한 날짜	확인
1일차(월)	01~08	월 일	
2일차(화)	09~16	월 일	
3일차(수)	17~24	월 일	
4일차(목)	25~32	월 일	
5일차(금)	33~40	월 일	

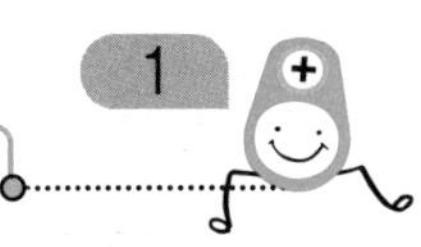

● 곱셈을 하시오.

(1) $13 \times 4 =$

(5) $43 \times 3 =$

(2) $23 \times 3 =$

(6) $53 \times 4 =$

(3) $34 \times 3 =$

(7) $53 \times 5 =$

(4) $63 \times 7 =$

(8) $55 \times 8 =$

(9)
$$\begin{array}{r} 18 \\ \times \quad 2 \\ \hline \end{array}$$

(10)
$$\begin{array}{r} 28 \\ \times \quad 4 \\ \hline \end{array}$$

(11)
$$\begin{array}{r} 58 \\ \times \quad 2 \\ \hline \end{array}$$

(12)
$$\begin{array}{r} 64 \\ \times \quad 2 \\ \hline \end{array}$$

(13)
$$\begin{array}{r} 48 \\ \times \quad 8 \\ \hline \end{array}$$

(14)
$$\begin{array}{r} 36 \\ \times \quad 2 \\ \hline \end{array}$$

(15)
$$\begin{array}{r} 46 \\ \times \quad 2 \\ \hline \end{array}$$

(16)
$$\begin{array}{r} 56 \\ \times \quad 2 \\ \hline \end{array}$$

(17)
$$\begin{array}{r} 66 \\ \times \quad 6 \\ \hline \end{array}$$

(18)
$$\begin{array}{r} 37 \\ \times \quad 3 \\ \hline \end{array}$$

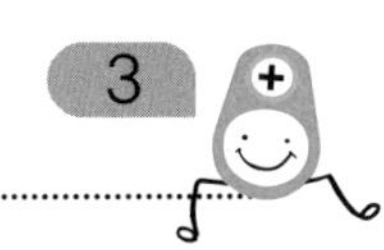

● 곱셈을 하시오.

(1)
$$\begin{array}{r} 4\,2 \\ \times \quad 2 \\ \hline \end{array}$$

(2)
$$\begin{array}{r} 5\,5 \\ \times \quad 2 \\ \hline \end{array}$$

(3)
$$\begin{array}{r} 4\,3 \\ \times \quad 2 \\ \hline \end{array}$$

(4)
$$\begin{array}{r} 4\,4 \\ \times \quad 3 \\ \hline \end{array}$$

(5)
$$\begin{array}{r} 5\,2 \\ \times \quad 3 \\ \hline \end{array}$$

(6)
$$\begin{array}{r} 4\,5 \\ \times \quad 2 \\ \hline \end{array}$$

(7)
$$\begin{array}{r} 4\,4 \\ \times \quad 2 \\ \hline \end{array}$$

(8)
$$\begin{array}{r} 5\,3 \\ \times \quad 3 \\ \hline \end{array}$$

(9)
$$\begin{array}{r} 46 \\ \times \quad 3 \\ \hline \end{array}$$

(10)
$$\begin{array}{r} 47 \\ \times \quad 3 \\ \hline \end{array}$$

(11)
$$\begin{array}{r} 47 \\ \times \quad 2 \\ \hline \end{array}$$

(12)
$$\begin{array}{r} 48 \\ \times \quad 4 \\ \hline \end{array}$$

(13)
$$\begin{array}{r} 58 \\ \times \quad 4 \\ \hline \end{array}$$

(14)
$$\begin{array}{r} 54 \\ \times \quad 3 \\ \hline \end{array}$$

(15)
$$\begin{array}{r} 43 \\ \times \quad 2 \\ \hline \end{array}$$

(16)
$$\begin{array}{r} 56 \\ \times \quad 4 \\ \hline \end{array}$$

(17)
$$\begin{array}{r} 57 \\ \times \quad 5 \\ \hline \end{array}$$

(18)
$$\begin{array}{r} 49 \\ \times \quad 2 \\ \hline \end{array}$$

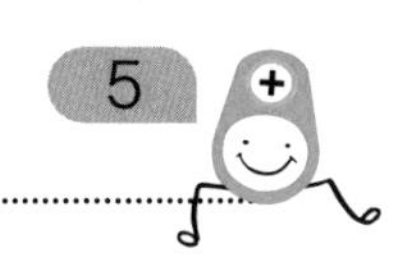

● 곱셈을 하시오.

(1)
$$\begin{array}{r} 51 \\ \times \quad 2 \\ \hline \end{array}$$

(2)
$$\begin{array}{r} 55 \\ \times \quad 3 \\ \hline \end{array}$$

(3)
$$\begin{array}{r} 65 \\ \times \quad 3 \\ \hline \end{array}$$

(4)
$$\begin{array}{r} 55 \\ \times \quad 5 \\ \hline \end{array}$$

(5)
$$\begin{array}{r} 61 \\ \times \quad 2 \\ \hline \end{array}$$

(6)
$$\begin{array}{r} 63 \\ \times \quad 2 \\ \hline \end{array}$$

(7)
$$\begin{array}{r} 54 \\ \times \quad 2 \\ \hline \end{array}$$

(8)
$$\begin{array}{r} 67 \\ \times \quad 4 \\ \hline \end{array}$$

(9)
$$\begin{array}{r} 62 \\ \times \quad 4 \\ \hline \end{array}$$

(10)
$$\begin{array}{r} 64 \\ \times \quad 2 \\ \hline \end{array}$$

(11)
$$\begin{array}{r} 68 \\ \times \quad 5 \\ \hline \end{array}$$

(12)
$$\begin{array}{r} 58 \\ \times \quad 5 \\ \hline \end{array}$$

(13)
$$\begin{array}{r} 66 \\ \times \quad 3 \\ \hline \end{array}$$

(14)
$$\begin{array}{r} 53 \\ \times \quad 2 \\ \hline \end{array}$$

(15)
$$\begin{array}{r} 56 \\ \times \quad 3 \\ \hline \end{array}$$

(16)
$$\begin{array}{r} 57 \\ \times \quad 4 \\ \hline \end{array}$$

(17)
$$\begin{array}{r} 69 \\ \times \quad 6 \\ \hline \end{array}$$

(18)
$$\begin{array}{r} 59 \\ \times \quad 8 \\ \hline \end{array}$$

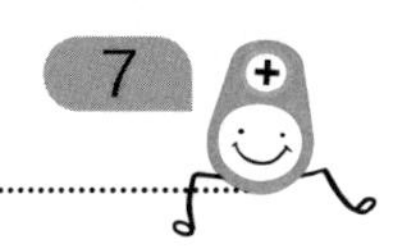

● 곱셈을 하시오.

(1) $\begin{array}{r} 42 \\ \times \quad 4 \\ \hline \end{array}$

(2) $\begin{array}{r} 53 \\ \times \quad 4 \\ \hline \end{array}$

(3) $\begin{array}{r} 63 \\ \times \quad 4 \\ \hline \end{array}$

(4) $\begin{array}{r} 56 \\ \times \quad 5 \\ \hline \end{array}$

(5) $\begin{array}{r} 52 \\ \times \quad 4 \\ \hline \end{array}$

(6) $\begin{array}{r} 62 \\ \times \quad 3 \\ \hline \end{array}$

(7) $\begin{array}{r} 45 \\ \times \quad 2 \\ \hline \end{array}$

(8) $\begin{array}{r} 66 \\ \times \quad 5 \\ \hline \end{array}$

(9) $\begin{array}{r} 44 \\ \times \quad 3 \\ \hline \end{array}$

(10) $\begin{array}{r} 57 \\ \times \quad 8 \\ \hline \end{array}$

(11) $\begin{array}{r} 58 \\ \times \quad 3 \\ \hline \end{array}$

(12) $\begin{array}{r} 65 \\ \times \quad 7 \\ \hline \end{array}$

(13) $\begin{array}{r} 69 \\ \times \quad 2 \\ \hline \end{array}$

(14) $\begin{array}{r} 54 \\ \times \quad 5 \\ \hline \end{array}$

(15) $\begin{array}{r} 46 \\ \times \quad 4 \\ \hline \end{array}$

(16) $\begin{array}{r} 56 \\ \times \quad 2 \\ \hline \end{array}$

(17) $\begin{array}{r} 47 \\ \times \quad 4 \\ \hline \end{array}$

(18) $\begin{array}{r} 67 \\ \times \quad 2 \\ \hline \end{array}$

● 곱셈을 하시오.

(1)
$$\begin{array}{r} 44 \\ \times \quad 4 \\ \hline \end{array}$$

(2)
$$\begin{array}{r} 42 \\ \times \quad 3 \\ \hline \end{array}$$

(3)
$$\begin{array}{r} 54 \\ \times \quad 4 \\ \hline \end{array}$$

(4)
$$\begin{array}{r} 67 \\ \times \quad 6 \\ \hline \end{array}$$

(5)
$$\begin{array}{r} 52 \\ \times \quad 3 \\ \hline \end{array}$$

(6)
$$\begin{array}{r} 63 \\ \times \quad 5 \\ \hline \end{array}$$

(7)
$$\begin{array}{r} 64 \\ \times \quad 5 \\ \hline \end{array}$$

(8)
$$\begin{array}{r} 57 \\ \times \quad 5 \\ \hline \end{array}$$

(9)
$$\begin{array}{r} 5\ 3 \\ \times \quad 6 \\ \hline \end{array}$$

(10)
$$\begin{array}{r} 4\ 7 \\ \times \quad 5 \\ \hline \end{array}$$

(11)
$$\begin{array}{r} 5\ 8 \\ \times \quad 7 \\ \hline \end{array}$$

(12)
$$\begin{array}{r} 5\ 6 \\ \times \quad 8 \\ \hline \end{array}$$

(13)
$$\begin{array}{r} 5\ 6 \\ \times \quad 3 \\ \hline \end{array}$$

(14)
$$\begin{array}{r} 4\ 5 \\ \times \quad 4 \\ \hline \end{array}$$

(15)
$$\begin{array}{r} 6\ 5 \\ \times \quad 4 \\ \hline \end{array}$$

(16)
$$\begin{array}{r} 6\ 6 \\ \times \quad 4 \\ \hline \end{array}$$

(17)
$$\begin{array}{r} 6\ 7 \\ \times \quad 9 \\ \hline \end{array}$$

(18)
$$\begin{array}{r} 6\ 8 \\ \times \quad 6 \\ \hline \end{array}$$

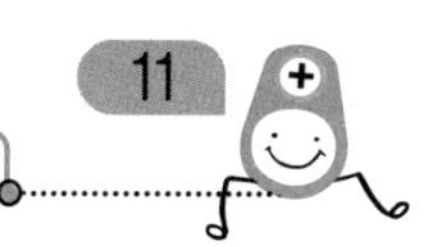

● 곱셈을 하시오.

(1) $\begin{array}{r} 51 \\ \times\ \ 4 \\ \hline \end{array}$

(2) $\begin{array}{r} 62 \\ \times\ \ 5 \\ \hline \end{array}$

(3) $\begin{array}{r} 52 \\ \times\ \ 6 \\ \hline \end{array}$

(4) $\begin{array}{r} 64 \\ \times\ \ 6 \\ \hline \end{array}$

(5) $\begin{array}{r} 63 \\ \times\ \ 4 \\ \hline \end{array}$

(6) $\begin{array}{r} 53 \\ \times\ \ 4 \\ \hline \end{array}$

(7) $\begin{array}{r} 61 \\ \times\ \ 8 \\ \hline \end{array}$

(8) $\begin{array}{r} 54 \\ \times\ \ 5 \\ \hline \end{array}$

(9) $\begin{array}{r} 54 \\ \times \quad 2 \\ \hline \end{array}$

(10) $\begin{array}{r} 63 \\ \times \quad 6 \\ \hline \end{array}$

(11) $\begin{array}{r} 56 \\ \times \quad 6 \\ \hline \end{array}$

(12) $\begin{array}{r} 66 \\ \times \quad 5 \\ \hline \end{array}$

(13) $\begin{array}{r} 58 \\ \times \quad 3 \\ \hline \end{array}$

(14) $\begin{array}{r} 64 \\ \times \quad 2 \\ \hline \end{array}$

(15) $\begin{array}{r} 65 \\ \times \quad 6 \\ \hline \end{array}$

(16) $\begin{array}{r} 57 \\ \times \quad 7 \\ \hline \end{array}$

(17) $\begin{array}{r} 56 \\ \times \quad 6 \\ \hline \end{array}$

(18) $\begin{array}{r} 68 \\ \times \quad 3 \\ \hline \end{array}$

● 곱셈을 하시오.

(1) $\begin{array}{r} 61 \\ \times \quad 4 \\ \hline \end{array}$

(2) $\begin{array}{r} 63 \\ \times \quad 2 \\ \hline \end{array}$

(3) $\begin{array}{r} 64 \\ \times \quad 7 \\ \hline \end{array}$

(4) $\begin{array}{r} 74 \\ \times \quad 7 \\ \hline \end{array}$

(5) $\begin{array}{r} 71 \\ \times \quad 4 \\ \hline \end{array}$

(6) $\begin{array}{r} 73 \\ \times \quad 4 \\ \hline \end{array}$

(7) $\begin{array}{r} 62 \\ \times \quad 6 \\ \hline \end{array}$

(8) $\begin{array}{r} 72 \\ \times \quad 6 \\ \hline \end{array}$

(9) $\begin{array}{r} 64 \\ \times \quad 2 \\ \hline \end{array}$

(10) $\begin{array}{r} 73 \\ \times \quad 7 \\ \hline \end{array}$

(11) $\begin{array}{r} 66 \\ \times \quad 4 \\ \hline \end{array}$

(12) $\begin{array}{r} 76 \\ \times \quad 4 \\ \hline \end{array}$

(13) $\begin{array}{r} 69 \\ \times \quad 5 \\ \hline \end{array}$

(14) $\begin{array}{r} 74 \\ \times \quad 2 \\ \hline \end{array}$

(15) $\begin{array}{r} 63 \\ \times \quad 7 \\ \hline \end{array}$

(16) $\begin{array}{r} 78 \\ \times \quad 7 \\ \hline \end{array}$

(17) $\begin{array}{r} 67 \\ \times \quad 6 \\ \hline \end{array}$

(18) $\begin{array}{r} 77 \\ \times \quad 6 \\ \hline \end{array}$

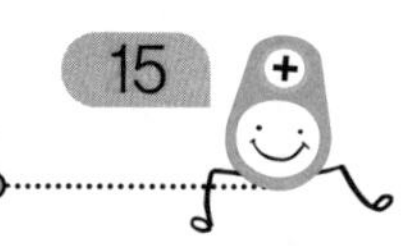

● 곱셈을 하시오.

(1) $\begin{array}{r} 53 \\ \times \quad 2 \\ \hline \end{array}$

(2) $\begin{array}{r} 53 \\ \times \quad 3 \\ \hline \end{array}$

(3) $\begin{array}{r} 64 \\ \times \quad 4 \\ \hline \end{array}$

(4) $\begin{array}{r} 64 \\ \times \quad 5 \\ \hline \end{array}$

(5) $\begin{array}{r} 62 \\ \times \quad 3 \\ \hline \end{array}$

(6) $\begin{array}{r} 57 \\ \times \quad 6 \\ \hline \end{array}$

(7) $\begin{array}{r} 71 \\ \times \quad 5 \\ \hline \end{array}$

(8) $\begin{array}{r} 72 \\ \times \quad 7 \\ \hline \end{array}$

(9) $\begin{array}{r} 6\ 3 \\ \times\quad 8 \\ \hline \end{array}$

(10) $\begin{array}{r} 6\ 3 \\ \times\quad 9 \\ \hline \end{array}$

(11) $\begin{array}{r} 6\ 6 \\ \times\quad 5 \\ \hline \end{array}$

(12) $\begin{array}{r} 6\ 8 \\ \times\quad 8 \\ \hline \end{array}$

(13) $\begin{array}{r} 7\ 5 \\ \times\quad 5 \\ \hline \end{array}$

(14) $\begin{array}{r} 7\ 3 \\ \times\quad 3 \\ \hline \end{array}$

(15) $\begin{array}{r} 6\ 6 \\ \times\quad 7 \\ \hline \end{array}$

(16) $\begin{array}{r} 6\ 4 \\ \times\quad 2 \\ \hline \end{array}$

(17) $\begin{array}{r} 7\ 6 \\ \times\quad 6 \\ \hline \end{array}$

(18) $\begin{array}{r} 7\ 9 \\ \times\quad 6 \\ \hline \end{array}$

● 곱셈을 하시오.

(1) $\begin{array}{r} 61 \\ \times \quad 3 \\ \hline \end{array}$

(2) $\begin{array}{r} 52 \\ \times \quad 8 \\ \hline \end{array}$

(3) $\begin{array}{r} 72 \\ \times \quad 6 \\ \hline \end{array}$

(4) $\begin{array}{r} 64 \\ \times \quad 4 \\ \hline \end{array}$

(5) $\begin{array}{r} 51 \\ \times \quad 3 \\ \hline \end{array}$

(6) $\begin{array}{r} 62 \\ \times \quad 8 \\ \hline \end{array}$

(7) $\begin{array}{r} 55 \\ \times \quad 4 \\ \hline \end{array}$

(8) $\begin{array}{r} 74 \\ \times \quad 4 \\ \hline \end{array}$

(9)
$$\begin{array}{r} 66 \\ \times \quad 7 \\ \hline \end{array}$$

(10)
$$\begin{array}{r} 58 \\ \times \quad 6 \\ \hline \end{array}$$

(11)
$$\begin{array}{r} 73 \\ \times \quad 8 \\ \hline \end{array}$$

(12)
$$\begin{array}{r} 67 \\ \times \quad 5 \\ \hline \end{array}$$

(13)
$$\begin{array}{r} 77 \\ \times \quad 5 \\ \hline \end{array}$$

(14)
$$\begin{array}{r} 56 \\ \times \quad 7 \\ \hline \end{array}$$

(15)
$$\begin{array}{r} 68 \\ \times \quad 6 \\ \hline \end{array}$$

(16)
$$\begin{array}{r} 74 \\ \times \quad 5 \\ \hline \end{array}$$

(17)
$$\begin{array}{r} 69 \\ \times \quad 3 \\ \hline \end{array}$$

(18)
$$\begin{array}{r} 79 \\ \times \quad 3 \\ \hline \end{array}$$

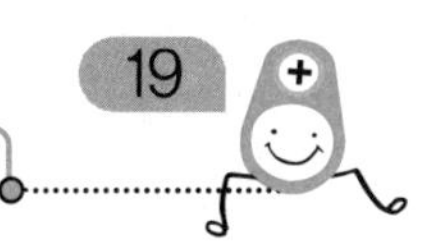

● 곱셈을 하시오.

(1) $\begin{array}{r} 61 \\ \times \quad 8 \\ \hline \end{array}$

(2) $\begin{array}{r} 71 \\ \times \quad 8 \\ \hline \end{array}$

(3) $\begin{array}{r} 64 \\ \times \quad 6 \\ \hline \end{array}$

(4) $\begin{array}{r} 74 \\ \times \quad 9 \\ \hline \end{array}$

(5) $\begin{array}{r} 72 \\ \times \quad 3 \\ \hline \end{array}$

(6) $\begin{array}{r} 63 \\ \times \quad 3 \\ \hline \end{array}$

(7) $\begin{array}{r} 72 \\ \times \quad 5 \\ \hline \end{array}$

(8) $\begin{array}{r} 62 \\ \times \quad 5 \\ \hline \end{array}$

(9)
$$\begin{array}{r} 73 \\ \times \quad 2 \\ \hline \end{array}$$

(10)
$$\begin{array}{r} 62 \\ \times \quad 3 \\ \hline \end{array}$$

(11)
$$\begin{array}{r} 79 \\ \times \quad 2 \\ \hline \end{array}$$

(12)
$$\begin{array}{r} 66 \\ \times \quad 7 \\ \hline \end{array}$$

(13)
$$\begin{array}{r} 76 \\ \times \quad 7 \\ \hline \end{array}$$

(14)
$$\begin{array}{r} 64 \\ \times \quad 2 \\ \hline \end{array}$$

(15)
$$\begin{array}{r} 74 \\ \times \quad 2 \\ \hline \end{array}$$

(16)
$$\begin{array}{r} 65 \\ \times \quad 6 \\ \hline \end{array}$$

(17)
$$\begin{array}{r} 75 \\ \times \quad 6 \\ \hline \end{array}$$

(18)
$$\begin{array}{r} 68 \\ \times \quad 8 \\ \hline \end{array}$$

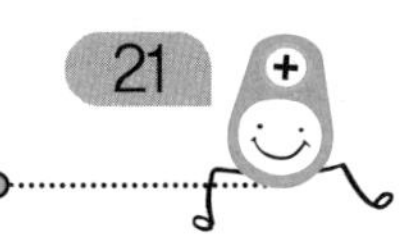

● 곱셈을 하시오.

(1) $\begin{array}{r} 71 \\ \times \quad 2 \\ \hline \end{array}$

(2) $\begin{array}{r} 81 \\ \times \quad 2 \\ \hline \end{array}$

(3) $\begin{array}{r} 73 \\ \times \quad 6 \\ \hline \end{array}$

(4) $\begin{array}{r} 85 \\ \times \quad 6 \\ \hline \end{array}$

(5) $\begin{array}{r} 83 \\ \times \quad 4 \\ \hline \end{array}$

(6) $\begin{array}{r} 72 \\ \times \quad 3 \\ \hline \end{array}$

(7) $\begin{array}{r} 82 \\ \times \quad 3 \\ \hline \end{array}$

(8) $\begin{array}{r} 75 \\ \times \quad 2 \\ \hline \end{array}$

(9)
$$\begin{array}{r} 74 \\ \times \quad 2 \\ \hline \end{array}$$

(10)
$$\begin{array}{r} 84 \\ \times \quad 2 \\ \hline \end{array}$$

(11)
$$\begin{array}{r} 73 \\ \times \quad 5 \\ \hline \end{array}$$

(12)
$$\begin{array}{r} 83 \\ \times \quad 3 \\ \hline \end{array}$$

(13)
$$\begin{array}{r} 78 \\ \times \quad 6 \\ \hline \end{array}$$

(14)
$$\begin{array}{r} 76 \\ \times \quad 3 \\ \hline \end{array}$$

(15)
$$\begin{array}{r} 86 \\ \times \quad 7 \\ \hline \end{array}$$

(16)
$$\begin{array}{r} 77 \\ \times \quad 5 \\ \hline \end{array}$$

(17)
$$\begin{array}{r} 87 \\ \times \quad 5 \\ \hline \end{array}$$

(18)
$$\begin{array}{r} 89 \\ \times \quad 8 \\ \hline \end{array}$$

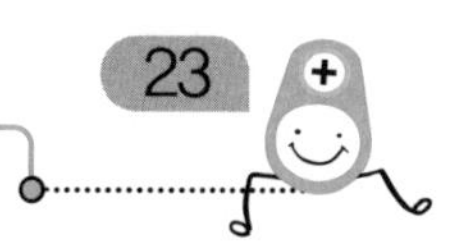

● 곱셈을 하시오.

(1) $\begin{array}{r} 62 \\ \times \quad 3 \\ \hline \end{array}$

(2) $\begin{array}{r} 72 \\ \times \quad 4 \\ \hline \end{array}$

(3) $\begin{array}{r} 82 \\ \times \quad 5 \\ \hline \end{array}$

(4) $\begin{array}{r} 74 \\ \times \quad 7 \\ \hline \end{array}$

(5) $\begin{array}{r} 64 \\ \times \quad 5 \\ \hline \end{array}$

(6) $\begin{array}{r} 74 \\ \times \quad 6 \\ \hline \end{array}$

(7) $\begin{array}{r} 73 \\ \times \quad 2 \\ \hline \end{array}$

(8) $\begin{array}{r} 85 \\ \times \quad 2 \\ \hline \end{array}$

(9)
$$\begin{array}{r} 64 \\ \times \quad 2 \\ \hline \end{array}$$

(10)
$$\begin{array}{r} 74 \\ \times \quad 8 \\ \hline \end{array}$$

(11)
$$\begin{array}{r} 84 \\ \times \quad 2 \\ \hline \end{array}$$

(12)
$$\begin{array}{r} 77 \\ \times \quad 6 \\ \hline \end{array}$$

(13)
$$\begin{array}{r} 87 \\ \times \quad 6 \\ \hline \end{array}$$

(14)
$$\begin{array}{r} 61 \\ \times \quad 8 \\ \hline \end{array}$$

(15)
$$\begin{array}{r} 71 \\ \times \quad 8 \\ \hline \end{array}$$

(16)
$$\begin{array}{r} 75 \\ \times \quad 9 \\ \hline \end{array}$$

(17)
$$\begin{array}{r} 67 \\ \times \quad 3 \\ \hline \end{array}$$

(18)
$$\begin{array}{r} 86 \\ \times \quad 5 \\ \hline \end{array}$$

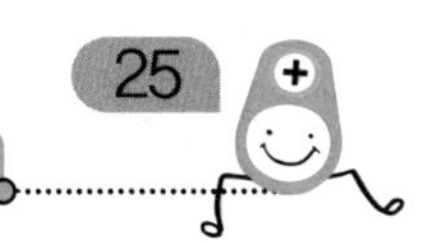

● 곱셈을 하시오.

(1) $\begin{array}{r} 61 \\ \times \quad 5 \\ \hline \end{array}$

(2) $\begin{array}{r} 71 \\ \times \quad 5 \\ \hline \end{array}$

(3) $\begin{array}{r} 64 \\ \times \quad 3 \\ \hline \end{array}$

(4) $\begin{array}{r} 75 \\ \times \quad 2 \\ \hline \end{array}$

(5) $\begin{array}{r} 81 \\ \times \quad 5 \\ \hline \end{array}$

(6) $\begin{array}{r} 62 \\ \times \quad 6 \\ \hline \end{array}$

(7) $\begin{array}{r} 72 \\ \times \quad 6 \\ \hline \end{array}$

(8) $\begin{array}{r} 83 \\ \times \quad 6 \\ \hline \end{array}$

(9)
$$\begin{array}{r} 62 \\ \times \quad 4 \\ \hline \end{array}$$

(10)
$$\begin{array}{r} 72 \\ \times \quad 4 \\ \hline \end{array}$$

(11)
$$\begin{array}{r} 82 \\ \times \quad 4 \\ \hline \end{array}$$

(12)
$$\begin{array}{r} 66 \\ \times \quad 7 \\ \hline \end{array}$$

(13)
$$\begin{array}{r} 76 \\ \times \quad 7 \\ \hline \end{array}$$

(14)
$$\begin{array}{r} 78 \\ \times \quad 5 \\ \hline \end{array}$$

(15)
$$\begin{array}{r} 67 \\ \times \quad 7 \\ \hline \end{array}$$

(16)
$$\begin{array}{r} 73 \\ \times \quad 4 \\ \hline \end{array}$$

(17)
$$\begin{array}{r} 83 \\ \times \quad 7 \\ \hline \end{array}$$

(18)
$$\begin{array}{r} 89 \\ \times \quad 6 \\ \hline \end{array}$$

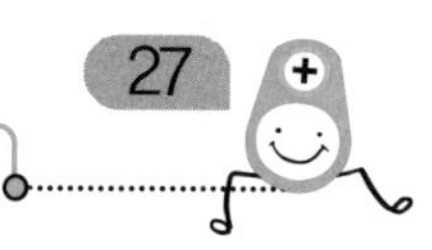

● 곱셈을 하시오.

(1) $\begin{array}{r} 71 \\ \times \quad 6 \\ \hline \end{array}$

(2) $\begin{array}{r} 81 \\ \times \quad 6 \\ \hline \end{array}$

(3) $\begin{array}{r} 74 \\ \times \quad 4 \\ \hline \end{array}$

(4) $\begin{array}{r} 84 \\ \times \quad 4 \\ \hline \end{array}$

(5) $\begin{array}{r} 75 \\ \times \quad 6 \\ \hline \end{array}$

(6) $\begin{array}{r} 72 \\ \times \quad 3 \\ \hline \end{array}$

(7) $\begin{array}{r} 86 \\ \times \quad 6 \\ \hline \end{array}$

(8) $\begin{array}{r} 85 \\ \times \quad 5 \\ \hline \end{array}$

(9)
$$\begin{array}{r} 72 \\ \times \quad 5 \\ \hline \end{array}$$

(10)
$$\begin{array}{r} 82 \\ \times \quad 5 \\ \hline \end{array}$$

(11)
$$\begin{array}{r} 75 \\ \times \quad 8 \\ \hline \end{array}$$

(12)
$$\begin{array}{r} 85 \\ \times \quad 8 \\ \hline \end{array}$$

(13)
$$\begin{array}{r} 78 \\ \times \quad 9 \\ \hline \end{array}$$

(14)
$$\begin{array}{r} 73 \\ \times \quad 6 \\ \hline \end{array}$$

(15)
$$\begin{array}{r} 83 \\ \times \quad 9 \\ \hline \end{array}$$

(16)
$$\begin{array}{r} 87 \\ \times \quad 8 \\ \hline \end{array}$$

(17)
$$\begin{array}{r} 77 \\ \times \quad 8 \\ \hline \end{array}$$

(18)
$$\begin{array}{r} 87 \\ \times \quad 9 \\ \hline \end{array}$$

● 곱셈을 하시오.

(1)
$$\begin{array}{r} 81 \\ \times \quad 4 \\ \hline \end{array}$$

(2)
$$\begin{array}{r} 91 \\ \times \quad 4 \\ \hline \end{array}$$

(3)
$$\begin{array}{r} 84 \\ \times \quad 3 \\ \hline \end{array}$$

(4)
$$\begin{array}{r} 94 \\ \times \quad 5 \\ \hline \end{array}$$

(5)
$$\begin{array}{r} 86 \\ \times \quad 3 \\ \hline \end{array}$$

(6)
$$\begin{array}{r} 82 \\ \times \quad 2 \\ \hline \end{array}$$

(7)
$$\begin{array}{r} 92 \\ \times \quad 2 \\ \hline \end{array}$$

(8)
$$\begin{array}{r} 92 \\ \times \quad 5 \\ \hline \end{array}$$

(9) $\begin{array}{r} 83 \\ \times \quad 5 \\ \hline \end{array}$

(10) $\begin{array}{r} 95 \\ \times \quad 3 \\ \hline \end{array}$

(11) $\begin{array}{r} 88 \\ \times \quad 4 \\ \hline \end{array}$

(12) $\begin{array}{r} 82 \\ \times \quad 3 \\ \hline \end{array}$

(13) $\begin{array}{r} 98 \\ \times \quad 6 \\ \hline \end{array}$

(14) $\begin{array}{r} 87 \\ \times \quad 6 \\ \hline \end{array}$

(15) $\begin{array}{r} 81 \\ \times \quad 7 \\ \hline \end{array}$

(16) $\begin{array}{r} 96 \\ \times \quad 8 \\ \hline \end{array}$

(17) $\begin{array}{r} 91 \\ \times \quad 8 \\ \hline \end{array}$

(18) $\begin{array}{r} 93 \\ \times \quad 5 \\ \hline \end{array}$

● 곱셈을 하시오.

(1) $\begin{array}{r} 72 \\ \times \quad 4 \\ \hline \end{array}$

(2) $\begin{array}{r} 82 \\ \times \quad 4 \\ \hline \end{array}$

(3) $\begin{array}{r} 75 \\ \times \quad 3 \\ \hline \end{array}$

(4) $\begin{array}{r} 84 \\ \times \quad 6 \\ \hline \end{array}$

(5) $\begin{array}{r} 85 \\ \times \quad 3 \\ \hline \end{array}$

(6) $\begin{array}{r} 71 \\ \times \quad 6 \\ \hline \end{array}$

(7) $\begin{array}{r} 91 \\ \times \quad 6 \\ \hline \end{array}$

(8) $\begin{array}{r} 94 \\ \times \quad 6 \\ \hline \end{array}$

(9)
$$\begin{array}{r} 74 \\ \times \quad 2 \\ \hline \end{array}$$

(10)
$$\begin{array}{r} 84 \\ \times \quad 2 \\ \hline \end{array}$$

(11)
$$\begin{array}{r} 76 \\ \times \quad 5 \\ \hline \end{array}$$

(12)
$$\begin{array}{r} 86 \\ \times \quad 5 \\ \hline \end{array}$$

(13)
$$\begin{array}{r} 96 \\ \times \quad 5 \\ \hline \end{array}$$

(14)
$$\begin{array}{r} 91 \\ \times \quad 9 \\ \hline \end{array}$$

(15)
$$\begin{array}{r} 87 \\ \times \quad 8 \\ \hline \end{array}$$

(16)
$$\begin{array}{r} 78 \\ \times \quad 8 \\ \hline \end{array}$$

(17)
$$\begin{array}{r} 85 \\ \times \quad 5 \\ \hline \end{array}$$

(18)
$$\begin{array}{r} 97 \\ \times \quad 4 \\ \hline \end{array}$$

● 곱셈을 하시오.

(1)
$$\begin{array}{r} 42 \\ \times \quad 3 \\ \hline \end{array}$$

(2)
$$\begin{array}{r} 52 \\ \times \quad 3 \\ \hline \end{array}$$

(3)
$$\begin{array}{r} 53 \\ \times \quad 9 \\ \hline \end{array}$$

(4)
$$\begin{array}{r} 63 \\ \times \quad 6 \\ \hline \end{array}$$

(5)
$$\begin{array}{r} 47 \\ \times \quad 4 \\ \hline \end{array}$$

(6)
$$\begin{array}{r} 72 \\ \times \quad 5 \\ \hline \end{array}$$

(7)
$$\begin{array}{r} 82 \\ \times \quad 6 \\ \hline \end{array}$$

(8)
$$\begin{array}{r} 94 \\ \times \quad 7 \\ \hline \end{array}$$

(9) $\begin{array}{r} 45 \\ \times \quad 6 \\ \hline \end{array}$

(10) $\begin{array}{r} 55 \\ \times \quad 6 \\ \hline \end{array}$

(11) $\begin{array}{r} 66 \\ \times \quad 8 \\ \hline \end{array}$

(12) $\begin{array}{r} 47 \\ \times \quad 8 \\ \hline \end{array}$

(13) $\begin{array}{r} 57 \\ \times \quad 8 \\ \hline \end{array}$

(14) $\begin{array}{r} 63 \\ \times \quad 2 \\ \hline \end{array}$

(15) $\begin{array}{r} 73 \\ \times \quad 2 \\ \hline \end{array}$

(16) $\begin{array}{r} 76 \\ \times \quad 8 \\ \hline \end{array}$

(17) $\begin{array}{r} 85 \\ \times \quad 7 \\ \hline \end{array}$

(18) $\begin{array}{r} 97 \\ \times \quad 5 \\ \hline \end{array}$

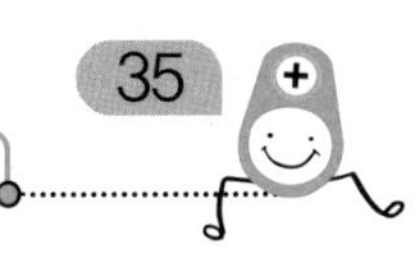

● 곱셈을 하시오.

(1) $\begin{array}{r} 62 \\ \times \quad 3 \\ \hline \end{array}$

(2) $\begin{array}{r} 72 \\ \times \quad 3 \\ \hline \end{array}$

(3) $\begin{array}{r} 62 \\ \times \quad 7 \\ \hline \end{array}$

(4) $\begin{array}{r} 83 \\ \times \quad 6 \\ \hline \end{array}$

(5) $\begin{array}{r} 44 \\ \times \quad 5 \\ \hline \end{array}$

(6) $\begin{array}{r} 53 \\ \times \quad 6 \\ \hline \end{array}$

(7) $\begin{array}{r} 78 \\ \times \quad 8 \\ \hline \end{array}$

(8) $\begin{array}{r} 94 \\ \times \quad 5 \\ \hline \end{array}$

(9)
$$\begin{array}{r} 82 \\ \times \quad 6 \\ \hline \end{array}$$

(10)
$$\begin{array}{r} 93 \\ \times \quad 6 \\ \hline \end{array}$$

(11)
$$\begin{array}{r} 57 \\ \times \quad 6 \\ \hline \end{array}$$

(12)
$$\begin{array}{r} 66 \\ \times \quad 5 \\ \hline \end{array}$$

(13)
$$\begin{array}{r} 76 \\ \times \quad 5 \\ \hline \end{array}$$

(14)
$$\begin{array}{r} 46 \\ \times \quad 4 \\ \hline \end{array}$$

(15)
$$\begin{array}{r} 67 \\ \times \quad 5 \\ \hline \end{array}$$

(16)
$$\begin{array}{r} 77 \\ \times \quad 5 \\ \hline \end{array}$$

(17)
$$\begin{array}{r} 87 \\ \times \quad 5 \\ \hline \end{array}$$

(18)
$$\begin{array}{r} 97 \\ \times \quad 6 \\ \hline \end{array}$$

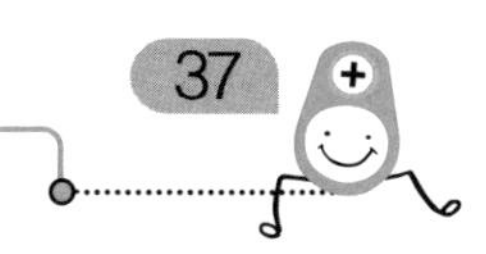

● |보기|와 같이 틀린 답을 바르게 고치시오.

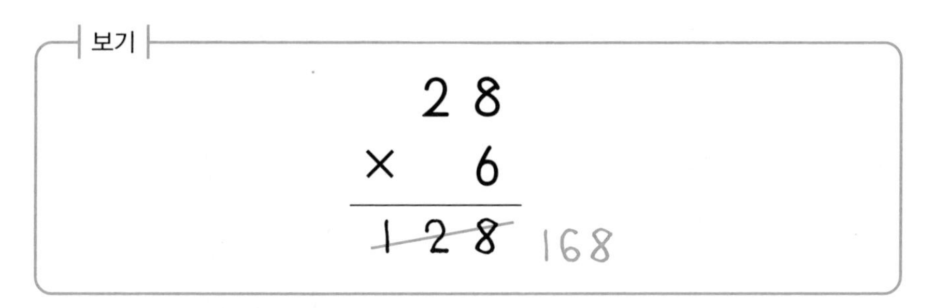

(1) $\begin{array}{r} 15 \\ \times \quad 3 \\ \hline 35 \end{array}$

(3) $\begin{array}{r} 33 \\ \times \quad 5 \\ \hline 155 \end{array}$

(2) $\begin{array}{r} 26 \\ \times \quad 4 \\ \hline 84 \end{array}$

(4) $\begin{array}{r} 25 \\ \times \quad 6 \\ \hline 120 \end{array}$

$\begin{array}{r} 28 \\ \times {}^{4}6 \\ \hline 168 \end{array}$

(두 자리 수)×(한 자리 수)의 계산을 할 때 올림이 있는 경우에 주의해야 합니다.
일의 자리에서 올림이 있는 경우는 십의 자리의 곱에 더해 주어야 하고,
십의 자리에서 올림이 있는 경우는 백의 자리에 써 주어야 합니다.

(5)
$$\begin{array}{r} 43 \\ \times \quad 6 \\ \hline 248 \end{array}$$

(6)
$$\begin{array}{r} 57 \\ \times \quad 3 \\ \hline 151 \end{array}$$

(7)
$$\begin{array}{r} 68 \\ \times \quad 2 \\ \hline 126 \end{array}$$

(8)
$$\begin{array}{r} 35 \\ \times \quad 4 \\ \hline 120 \end{array}$$

(9)
$$\begin{array}{r} 72 \\ \times \quad 9 \\ \hline 638 \end{array}$$

(10)
$$\begin{array}{r} 84 \\ \times \quad 8 \\ \hline 642 \end{array}$$

(11)
$$\begin{array}{r} 29 \\ \times \quad 6 \\ \hline 124 \end{array}$$

(12)
$$\begin{array}{r} 77 \\ \times \quad 3 \\ \hline 211 \end{array}$$

(13)
$$\begin{array}{r} 86 \\ \times \quad 6 \\ \hline 486 \end{array}$$

(14)
$$\begin{array}{r} 98 \\ \times \quad 7 \\ \hline 636 \end{array}$$

● 틀린 계산을 바르게 고치시오.

(1)
$$\begin{array}{r} 16 \\ \times \quad 5 \\ \hline 35 \end{array}$$

(5)
$$\begin{array}{r} 45 \\ \times \quad 2 \\ \hline 80 \end{array}$$

(2)
$$\begin{array}{r} 24 \\ \times \quad 3 \\ \hline 62 \end{array}$$

(6)
$$\begin{array}{r} 28 \\ \times \quad 4 \\ \hline 82 \end{array}$$

(3)
$$\begin{array}{r} 34 \\ \times \quad 3 \\ \hline 912 \end{array}$$

(7)
$$\begin{array}{r} 18 \\ \times \quad 8 \\ \hline 864 \end{array}$$

(4)
$$\begin{array}{r} 37 \\ \times \quad 2 \\ \hline 20 \end{array}$$

(8)
$$\begin{array}{r} 36 \\ \times \quad 2 \\ \hline 612 \end{array}$$

(9)
$$\begin{array}{r} 13 \\ \times \quad 2 \\ \hline 8 \end{array}$$

(10)
$$\begin{array}{r} 23 \\ \times \quad 2 \\ \hline 10 \end{array}$$

(11)
$$\begin{array}{r} 64 \\ \times \quad 5 \\ \hline 300 \end{array}$$

(12)
$$\begin{array}{r} 52 \\ \times \quad 3 \\ \hline 21 \end{array}$$

(13)
$$\begin{array}{r} 63 \\ \times \quad 2 \\ \hline 18 \end{array}$$

(14)
$$\begin{array}{r} 42 \\ \times \quad 3 \\ \hline 18 \end{array}$$

(15)
$$\begin{array}{r} 42 \\ \times \quad 4 \\ \hline 24 \end{array}$$

(16)
$$\begin{array}{r} 54 \\ \times \quad 2 \\ \hline 18 \end{array}$$

(17)
$$\begin{array}{r} 37 \\ \times \quad 2 \\ \hline 64 \end{array}$$

(18)
$$\begin{array}{r} 39 \\ \times \quad 3 \\ \hline 927 \end{array}$$

(두 자리 수)×(한 자리 수) (4)

요일	교재 번호	학습한 날짜	확인
1일차(월)	01~08	월 일	
2일차(화)	09~16	월 일	
3일차(수)	17~24	월 일	
4일차(목)	25~32	월 일	
5일차(금)	33~40	월 일	

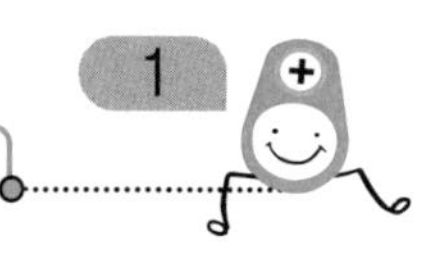

● 곱셈을 하시오.

(1)
$$\begin{array}{r} 22 \\ \times \quad 5 \\ \hline \end{array}$$

(2)
$$\begin{array}{r} 13 \\ \times \quad 6 \\ \hline \end{array}$$

(3)
$$\begin{array}{r} 31 \\ \times \quad 6 \\ \hline \end{array}$$

(4)
$$\begin{array}{r} 17 \\ \times \quad 3 \\ \hline \end{array}$$

(5)
$$\begin{array}{r} 15 \\ \times \quad 4 \\ \hline \end{array}$$

(6)
$$\begin{array}{r} 24 \\ \times \quad 7 \\ \hline \end{array}$$

(7)
$$\begin{array}{r} 43 \\ \times \quad 3 \\ \hline \end{array}$$

(8)
$$\begin{array}{r} 34 \\ \times \quad 2 \\ \hline \end{array}$$

(9)
$$\begin{array}{r} 27 \\ \times \quad 6 \\ \hline \end{array}$$

(10)
$$\begin{array}{r} 33 \\ \times \quad 2 \\ \hline \end{array}$$

(11)
$$\begin{array}{r} 52 \\ \times \quad 2 \\ \hline \end{array}$$

(12)
$$\begin{array}{r} 62 \\ \times \quad 2 \\ \hline \end{array}$$

(13) $40 \times 2 =$

(14)
$$\begin{array}{r} 28 \\ \times \quad 6 \\ \hline \end{array}$$

(15)
$$\begin{array}{r} 53 \\ \times \quad 2 \\ \hline \end{array}$$

(16)
$$\begin{array}{r} 63 \\ \times \quad 2 \\ \hline \end{array}$$

(17)
$$\begin{array}{r} 74 \\ \times \quad 2 \\ \hline \end{array}$$

(18) $30 \times 5 =$

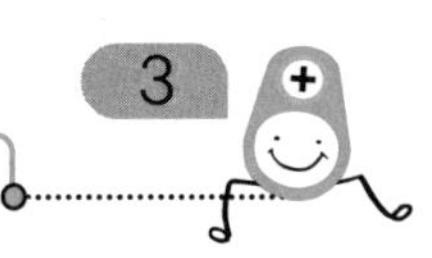

● 곱셈을 하시오.

(1) $\begin{array}{r} 27 \\ \times \quad 5 \\ \hline \end{array}$

(2) $\begin{array}{r} 42 \\ \times \quad 2 \\ \hline \end{array}$

(3) $\begin{array}{r} 37 \\ \times \quad 2 \\ \hline \end{array}$

(4) $\begin{array}{r} 66 \\ \times \quad 2 \\ \hline \end{array}$

(5) $\begin{array}{r} 35 \\ \times \quad 3 \\ \hline \end{array}$

(6) $\begin{array}{r} 43 \\ \times \quad 2 \\ \hline \end{array}$

(7) $\begin{array}{r} 19 \\ \times \quad 9 \\ \hline \end{array}$

(8) $\begin{array}{r} 29 \\ \times \quad 9 \\ \hline \end{array}$

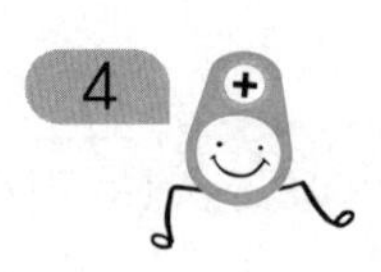

(9)
$$\begin{array}{r} 25 \\ \times \quad 3 \\ \hline \end{array}$$

(10)
$$\begin{array}{r} 35 \\ \times \quad 4 \\ \hline \end{array}$$

(11)
$$\begin{array}{r} 67 \\ \times \quad 2 \\ \hline \end{array}$$

(12)
$$\begin{array}{r} 77 \\ \times \quad 2 \\ \hline \end{array}$$

(13) $21 \times 4 =$

(14)
$$\begin{array}{r} 41 \\ \times \quad 3 \\ \hline \end{array}$$

(15)
$$\begin{array}{r} 51 \\ \times \quad 3 \\ \hline \end{array}$$

(16)
$$\begin{array}{r} 53 \\ \times \quad 2 \\ \hline \end{array}$$

(17)
$$\begin{array}{r} 54 \\ \times \quad 2 \\ \hline \end{array}$$

(18) $32 \times 3 =$

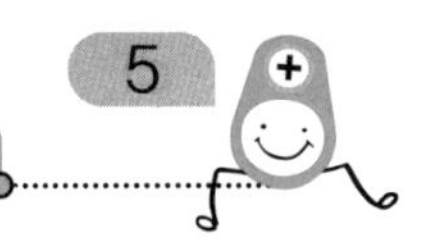

● 곱셈을 하시오.

(1)
$$\begin{array}{r} 42 \\ \times \quad 3 \\ \hline \end{array}$$

(2)
$$\begin{array}{r} 72 \\ \times \quad 4 \\ \hline \end{array}$$

(3)
$$\begin{array}{r} 82 \\ \times \quad 5 \\ \hline \end{array}$$

(4)
$$\begin{array}{r} 63 \\ \times \quad 4 \\ \hline \end{array}$$

(5)
$$\begin{array}{r} 52 \\ \times \quad 2 \\ \hline \end{array}$$

(6)
$$\begin{array}{r} 73 \\ \times \quad 4 \\ \hline \end{array}$$

(7)
$$\begin{array}{r} 36 \\ \times \quad 3 \\ \hline \end{array}$$

(8)
$$\begin{array}{r} 42 \\ \times \quad 4 \\ \hline \end{array}$$

(9)
$$\begin{array}{r} 56 \\ \times \quad 2 \\ \hline \end{array}$$

(10)
$$\begin{array}{r} 76 \\ \times \quad 2 \\ \hline \end{array}$$

(11)
$$\begin{array}{r} 86 \\ \times \quad 2 \\ \hline \end{array}$$

(12)
$$\begin{array}{r} 96 \\ \times \quad 2 \\ \hline \end{array}$$

(13) $24 \times 2 =$

(14)
$$\begin{array}{r} 83 \\ \times \quad 5 \\ \hline \end{array}$$

(15)
$$\begin{array}{r} 58 \\ \times \quad 2 \\ \hline \end{array}$$

(16)
$$\begin{array}{r} 98 \\ \times \quad 2 \\ \hline \end{array}$$

(17)
$$\begin{array}{r} 78 \\ \times \quad 5 \\ \hline \end{array}$$

(18) $34 \times 4 =$

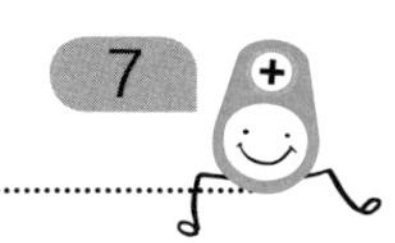

● 곱셈을 하시오.

(1) $\begin{array}{r} 42 \\ \times \quad 3 \\ \hline \end{array}$

(2) $\begin{array}{r} 52 \\ \times \quad 3 \\ \hline \end{array}$

(3) $\begin{array}{r} 62 \\ \times \quad 3 \\ \hline \end{array}$

(4) $\begin{array}{r} 82 \\ \times \quad 3 \\ \hline \end{array}$

(5) $\begin{array}{r} 64 \\ \times \quad 2 \\ \hline \end{array}$

(6) $\begin{array}{r} 84 \\ \times \quad 2 \\ \hline \end{array}$

(7) $\begin{array}{r} 52 \\ \times \quad 2 \\ \hline \end{array}$

(8) $\begin{array}{r} 62 \\ \times \quad 2 \\ \hline \end{array}$

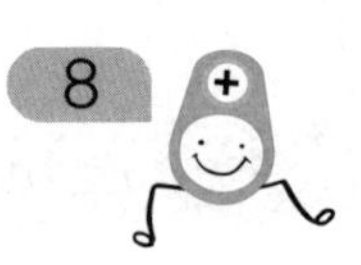

(9)
$$\begin{array}{r} 26 \\ \times \quad 5 \\ \hline \end{array}$$

(10)
$$\begin{array}{r} 36 \\ \times \quad 5 \\ \hline \end{array}$$

(11)
$$\begin{array}{r} 54 \\ \times \quad 4 \\ \hline \end{array}$$

(12)
$$\begin{array}{r} 64 \\ \times \quad 4 \\ \hline \end{array}$$

(13) $35 \times 2 =$

(14)
$$\begin{array}{r} 86 \\ \times \quad 6 \\ \hline \end{array}$$

(15)
$$\begin{array}{r} 96 \\ \times \quad 6 \\ \hline \end{array}$$

(16)
$$\begin{array}{r} 87 \\ \times \quad 3 \\ \hline \end{array}$$

(17)
$$\begin{array}{r} 97 \\ \times \quad 3 \\ \hline \end{array}$$

(18) $4 \times 42 =$

● 곱셈을 하시오.

(1) $\begin{array}{r} 14 \\ \times \quad 5 \\ \hline \end{array}$

(2) $\begin{array}{r} 24 \\ \times \quad 5 \\ \hline \end{array}$

(3) $\begin{array}{r} 16 \\ \times \quad 7 \\ \hline \end{array}$

(4) $\begin{array}{r} 26 \\ \times \quad 7 \\ \hline \end{array}$

(5) $\begin{array}{r} 35 \\ \times \quad 3 \\ \hline \end{array}$

(6) $\begin{array}{r} 52 \\ \times \quad 4 \\ \hline \end{array}$

(7) $\begin{array}{r} 46 \\ \times \quad 2 \\ \hline \end{array}$

(8) $\begin{array}{r} 72 \\ \times \quad 3 \\ \hline \end{array}$

(9)
$$\begin{array}{r} 18 \\ \times \quad 4 \\ \hline \end{array}$$

(10)
$$\begin{array}{r} 64 \\ \times \quad 2 \\ \hline \end{array}$$

(11)
$$\begin{array}{r} 29 \\ \times \quad 6 \\ \hline \end{array}$$

(12)
$$\begin{array}{r} 39 \\ \times \quad 3 \\ \hline \end{array}$$

(13) $31 \times 5 =$

(14)
$$\begin{array}{r} 27 \\ \times \quad 4 \\ \hline \end{array}$$

(15)
$$\begin{array}{r} 37 \\ \times \quad 4 \\ \hline \end{array}$$

(16)
$$\begin{array}{r} 73 \\ \times \quad 3 \\ \hline \end{array}$$

(17)
$$\begin{array}{r} 81 \\ \times \quad 8 \\ \hline \end{array}$$

(18) $47 \times 2 =$

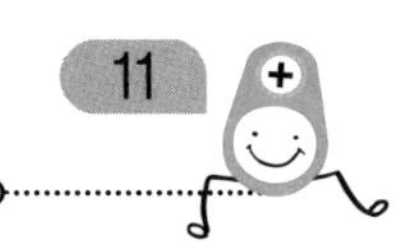

● 곱셈을 하시오.

(1) $\begin{array}{r} 23 \\ \times \quad 4 \\ \hline \end{array}$

(2) $\begin{array}{r} 33 \\ \times \quad 4 \\ \hline \end{array}$

(3) $\begin{array}{r} 62 \\ \times \quad 4 \\ \hline \end{array}$

(4) $\begin{array}{r} 26 \\ \times \quad 2 \\ \hline \end{array}$

(5) $\begin{array}{r} 43 \\ \times \quad 4 \\ \hline \end{array}$

(6) $\begin{array}{r} 32 \\ \times \quad 3 \\ \hline \end{array}$

(7) $\begin{array}{r} 38 \\ \times \quad 2 \\ \hline \end{array}$

(8) $\begin{array}{r} 48 \\ \times \quad 2 \\ \hline \end{array}$

(9) $\begin{array}{r} 36 \\ \times \quad 2 \\ \hline \end{array}$

(10) $\begin{array}{r} 42 \\ \times \quad 6 \\ \hline \end{array}$

(11) $\begin{array}{r} 76 \\ \times \quad 2 \\ \hline \end{array}$

(12) $\begin{array}{r} 86 \\ \times \quad 2 \\ \hline \end{array}$

(13) $70 \times 4 =$

(14) $\begin{array}{r} 75 \\ \times \quad 4 \\ \hline \end{array}$

(15) $\begin{array}{r} 85 \\ \times \quad 4 \\ \hline \end{array}$

(16) $\begin{array}{r} 95 \\ \times \quad 4 \\ \hline \end{array}$

(17) $\begin{array}{r} 91 \\ \times \quad 3 \\ \hline \end{array}$

(18) $14 \times 6 =$

● 곱셈을 하시오.

(1) $\begin{array}{r} 38 \\ \times \quad 3 \\ \hline \end{array}$

(2) $\begin{array}{r} 48 \\ \times \quad 3 \\ \hline \end{array}$

(3) $\begin{array}{r} 58 \\ \times \quad 3 \\ \hline \end{array}$

(4) $\begin{array}{r} 67 \\ \times \quad 5 \\ \hline \end{array}$

(5) $\begin{array}{r} 64 \\ \times \quad 5 \\ \hline \end{array}$

(6) $\begin{array}{r} 74 \\ \times \quad 5 \\ \hline \end{array}$

(7) $\begin{array}{r} 75 \\ \times \quad 5 \\ \hline \end{array}$

(8) $\begin{array}{r} 92 \\ \times \quad 4 \\ \hline \end{array}$

(9)
$$\begin{array}{r} 19 \\ \times \quad 6 \\ \hline \end{array}$$

(10)
$$\begin{array}{r} 45 \\ \times \quad 2 \\ \hline \end{array}$$

(11)
$$\begin{array}{r} 89 \\ \times \quad 2 \\ \hline \end{array}$$

(12)
$$\begin{array}{r} 99 \\ \times \quad 2 \\ \hline \end{array}$$

(13) $43 \times 2 =$

(14)
$$\begin{array}{r} 42 \\ \times \quad 4 \\ \hline \end{array}$$

(15)
$$\begin{array}{r} 52 \\ \times \quad 4 \\ \hline \end{array}$$

(16)
$$\begin{array}{r} 87 \\ \times \quad 3 \\ \hline \end{array}$$

(17)
$$\begin{array}{r} 97 \\ \times \quad 3 \\ \hline \end{array}$$

(18) $35 \times 3 =$

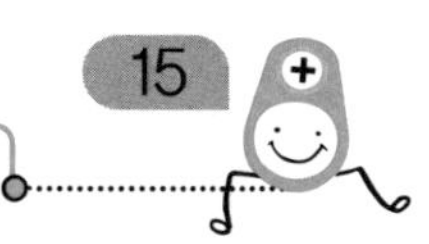

● 곱셈을 하시오.

(1) 53×2

(2) 54×2

(3) 71×4

(4) 72×4

(5) 85×6

(6) 96×5

(7) 43×4

(8) 53×4

(9)
$$\begin{array}{r} 24 \\ \times \quad 6 \\ \hline \end{array}$$

(10)
$$\begin{array}{r} 18 \\ \times \quad 7 \\ \hline \end{array}$$

(11)
$$\begin{array}{r} 42 \\ \times \quad 4 \\ \hline \end{array}$$

(12)
$$\begin{array}{r} 52 \\ \times \quad 4 \\ \hline \end{array}$$

(13) $29 \times 2 =$

(14)
$$\begin{array}{r} 62 \\ \times \quad 4 \\ \hline \end{array}$$

(15)
$$\begin{array}{r} 64 \\ \times \quad 6 \\ \hline \end{array}$$

(16)
$$\begin{array}{r} 74 \\ \times \quad 6 \\ \hline \end{array}$$

(17)
$$\begin{array}{r} 78 \\ \times \quad 8 \\ \hline \end{array}$$

(18) $3 \times 26 =$

● 곱셈을 하시오.

(1) $\begin{array}{r} 17 \\ \times \quad 5 \\ \hline \end{array}$

(2) $\begin{array}{r} 27 \\ \times \quad 5 \\ \hline \end{array}$

(3) $\begin{array}{r} 44 \\ \times \quad 3 \\ \hline \end{array}$

(4) $\begin{array}{r} 55 \\ \times \quad 3 \\ \hline \end{array}$

(5) $\begin{array}{r} 37 \\ \times \quad 3 \\ \hline \end{array}$

(6) $\begin{array}{r} 15 \\ \times \quad 6 \\ \hline \end{array}$

(7) $\begin{array}{r} 25 \\ \times \quad 6 \\ \hline \end{array}$

(8) $\begin{array}{r} 88 \\ \times \quad 3 \\ \hline \end{array}$

(9)
$$\begin{array}{r} 24 \\ \times \quad 4 \\ \hline \end{array}$$

(10)
$$\begin{array}{r} 34 \\ \times \quad 5 \\ \hline \end{array}$$

(11)
$$\begin{array}{r} 72 \\ \times \quad 3 \\ \hline \end{array}$$

(12)
$$\begin{array}{r} 82 \\ \times \quad 3 \\ \hline \end{array}$$

(13) $17 \times 3 =$

(14)
$$\begin{array}{r} 77 \\ \times \quad 8 \\ \hline \end{array}$$

(15)
$$\begin{array}{r} 96 \\ \times \quad 5 \\ \hline \end{array}$$

(16)
$$\begin{array}{r} 37 \\ \times \quad 2 \\ \hline \end{array}$$

(17)
$$\begin{array}{r} 92 \\ \times \quad 3 \\ \hline \end{array}$$

(18) $54 \times 5 =$

● 곱셈을 하시오.

(1) $\begin{array}{r} 34 \\ \times\ \ 4 \\ \hline \end{array}$

(2) $\begin{array}{r} 42 \\ \times\ \ 4 \\ \hline \end{array}$

(3) $\begin{array}{r} 43 \\ \times\ \ 4 \\ \hline \end{array}$

(4) $\begin{array}{r} 54 \\ \times\ \ 4 \\ \hline \end{array}$

(5) $\begin{array}{r} 65 \\ \times\ \ 4 \\ \hline \end{array}$

(6) $\begin{array}{r} 94 \\ \times\ \ 2 \\ \hline \end{array}$

(7) $\begin{array}{r} 24 \\ \times\ \ 3 \\ \hline \end{array}$

(8) $\begin{array}{r} 34 \\ \times\ \ 3 \\ \hline \end{array}$

(9)
$$\begin{array}{r} 48 \\ \times \quad 5 \\ \hline \end{array}$$

(10)
$$\begin{array}{r} 68 \\ \times \quad 5 \\ \hline \end{array}$$

(11)
$$\begin{array}{r} 84 \\ \times \quad 2 \\ \hline \end{array}$$

(12)
$$\begin{array}{r} 46 \\ \times \quad 3 \\ \hline \end{array}$$

(13) $53 \times 2 =$

(14)
$$\begin{array}{r} 63 \\ \times \quad 4 \\ \hline \end{array}$$

(15)
$$\begin{array}{r} 93 \\ \times \quad 7 \\ \hline \end{array}$$

(16)
$$\begin{array}{r} 88 \\ \times \quad 6 \\ \hline \end{array}$$

(17)
$$\begin{array}{r} 98 \\ \times \quad 6 \\ \hline \end{array}$$

(18) $63 \times 2 =$

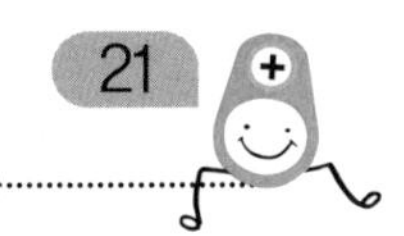

● 곱셈을 하시오.

(1) $\begin{array}{r} 49 \\ \times \quad 3 \\ \hline \end{array}$

(2) $\begin{array}{r} 45 \\ \times \quad 4 \\ \hline \end{array}$

(3) $\begin{array}{r} 55 \\ \times \quad 4 \\ \hline \end{array}$

(4) $\begin{array}{r} 65 \\ \times \quad 4 \\ \hline \end{array}$

(5) $\begin{array}{r} 57 \\ \times \quad 3 \\ \hline \end{array}$

(6) $\begin{array}{r} 83 \\ \times \quad 5 \\ \hline \end{array}$

(7) $\begin{array}{r} 64 \\ \times \quad 7 \\ \hline \end{array}$

(8) $\begin{array}{r} 74 \\ \times \quad 7 \\ \hline \end{array}$

(9)
$$\begin{array}{r} 54 \\ \times \quad 2 \\ \hline \end{array}$$

(10)
$$\begin{array}{r} 44 \\ \times \quad 6 \\ \hline \end{array}$$

(11)
$$\begin{array}{r} 54 \\ \times \quad 6 \\ \hline \end{array}$$

(12)
$$\begin{array}{r} 74 \\ \times \quad 6 \\ \hline \end{array}$$

(13) $56 \times 3 =$

(14)
$$\begin{array}{r} 31 \\ \times \quad 5 \\ \hline \end{array}$$

(15)
$$\begin{array}{r} 92 \\ \times \quad 4 \\ \hline \end{array}$$

(16)
$$\begin{array}{r} 78 \\ \times \quad 3 \\ \hline \end{array}$$

(17)
$$\begin{array}{r} 98 \\ \times \quad 3 \\ \hline \end{array}$$

(18) $66 \times 2 =$

● 곱셈을 하시오.

(1) $\begin{array}{r} 41 \\ \times \quad 7 \\ \hline \end{array}$

(2) $\begin{array}{r} 51 \\ \times \quad 7 \\ \hline \end{array}$

(3) $\begin{array}{r} 58 \\ \times \quad 2 \\ \hline \end{array}$

(4) $\begin{array}{r} 68 \\ \times \quad 2 \\ \hline \end{array}$

(5) $\begin{array}{r} 72 \\ \times \quad 3 \\ \hline \end{array}$

(6) $\begin{array}{r} 82 \\ \times \quad 3 \\ \hline \end{array}$

(7) $\begin{array}{r} 74 \\ \times \quad 2 \\ \hline \end{array}$

(8) $\begin{array}{r} 84 \\ \times \quad 5 \\ \hline \end{array}$

(9)
$$\begin{array}{r} 27 \\ \times \quad 5 \\ \hline \end{array}$$

(10)
$$\begin{array}{r} 37 \\ \times \quad 5 \\ \hline \end{array}$$

(11)
$$\begin{array}{r} 43 \\ \times \quad 2 \\ \hline \end{array}$$

(12)
$$\begin{array}{r} 53 \\ \times \quad 2 \\ \hline \end{array}$$

(13) $16 \times 5 =$

(14)
$$\begin{array}{r} 93 \\ \times \quad 2 \\ \hline \end{array}$$

(15)
$$\begin{array}{r} 84 \\ \times \quad 2 \\ \hline \end{array}$$

(16)
$$\begin{array}{r} 94 \\ \times \quad 2 \\ \hline \end{array}$$

(17)
$$\begin{array}{r} 87 \\ \times \quad 3 \\ \hline \end{array}$$

(18) $3 \times 68 =$

● 곱셈을 하시오.

(1) $\begin{array}{r} 28 \\ \times \quad 6 \\ \hline \end{array}$

(2) $\begin{array}{r} 49 \\ \times \quad 2 \\ \hline \end{array}$

(3) $\begin{array}{r} 47 \\ \times \quad 3 \\ \hline \end{array}$

(4) $\begin{array}{r} 85 \\ \times \quad 2 \\ \hline \end{array}$

(5) $\begin{array}{r} 62 \\ \times \quad 2 \\ \hline \end{array}$

(6) $\begin{array}{r} 53 \\ \times \quad 3 \\ \hline \end{array}$

(7) $\begin{array}{r} 71 \\ \times \quad 8 \\ \hline \end{array}$

(8) $\begin{array}{r} 91 \\ \times \quad 8 \\ \hline \end{array}$

(9)
$$\begin{array}{r} 15 \\ \times \quad 8 \\ \hline \end{array}$$

(10)
$$\begin{array}{r} 25 \\ \times \quad 8 \\ \hline \end{array}$$

(11)
$$\begin{array}{r} 75 \\ \times \quad 6 \\ \hline \end{array}$$

(12)
$$\begin{array}{r} 72 \\ \times \quad 4 \\ \hline \end{array}$$

(13) $62 \times 5 =$

(14)
$$\begin{array}{r} 42 \\ \times \quad 2 \\ \hline \end{array}$$

(15)
$$\begin{array}{r} 43 \\ \times \quad 2 \\ \hline \end{array}$$

(16)
$$\begin{array}{r} 53 \\ \times \quad 2 \\ \hline \end{array}$$

(17)
$$\begin{array}{r} 65 \\ \times \quad 3 \\ \hline \end{array}$$

(18) $5 \times 72 =$

● 곱셈을 하시오.

(1) 14×5

(2) 24×5

(3) 34×5

(4) 85×4

(5) 32×6

(6) 63×2

(7) 73×2

(8) 83×2

(9)
$$\begin{array}{r} 2\ 6 \\ \times \quad 7 \\ \hline \end{array}$$

(10)
$$\begin{array}{r} 2\ 7 \\ \times \quad 7 \\ \hline \end{array}$$

(11)
$$\begin{array}{r} 8\ 4 \\ \times \quad 2 \\ \hline \end{array}$$

(12)
$$\begin{array}{r} 9\ 4 \\ \times \quad 4 \\ \hline \end{array}$$

(13) $18 \times 2 =$

(14)
$$\begin{array}{r} 4\ 3 \\ \times \quad 2 \\ \hline \end{array}$$

(15)
$$\begin{array}{r} 5\ 3 \\ \times \quad 2 \\ \hline \end{array}$$

(16)
$$\begin{array}{r} 7\ 7 \\ \times \quad 3 \\ \hline \end{array}$$

(17)
$$\begin{array}{r} 7\ 5 \\ \times \quad 8 \\ \hline \end{array}$$

(18) $92 \times 4 =$

● 곱셈을 하시오.

(1) $\begin{array}{r} 35 \\ \times \quad 2 \\ \hline \end{array}$

(2) $\begin{array}{r} 45 \\ \times \quad 2 \\ \hline \end{array}$

(3) $\begin{array}{r} 76 \\ \times \quad 4 \\ \hline \end{array}$

(4) $\begin{array}{r} 97 \\ \times \quad 5 \\ \hline \end{array}$

(5) $\begin{array}{r} 53 \\ \times \quad 4 \\ \hline \end{array}$

(6) $\begin{array}{r} 63 \\ \times \quad 2 \\ \hline \end{array}$

(7) $\begin{array}{r} 86 \\ \times \quad 5 \\ \hline \end{array}$

(8) $\begin{array}{r} 98 \\ \times \quad 5 \\ \hline \end{array}$

(9)
$$\begin{array}{r} 31 \\ \times \quad 7 \\ \hline \end{array}$$

(10)
$$\begin{array}{r} 76 \\ \times \quad 5 \\ \hline \end{array}$$

(11)
$$\begin{array}{r} 77 \\ \times \quad 4 \\ \hline \end{array}$$

(12)
$$\begin{array}{r} 87 \\ \times \quad 4 \\ \hline \end{array}$$

(13) $73 \times 3 =$

(14)
$$\begin{array}{r} 57 \\ \times \quad 3 \\ \hline \end{array}$$

(15)
$$\begin{array}{r} 72 \\ \times \quad 3 \\ \hline \end{array}$$

(16)
$$\begin{array}{r} 82 \\ \times \quad 3 \\ \hline \end{array}$$

(17)
$$\begin{array}{r} 97 \\ \times \quad 4 \\ \hline \end{array}$$

(18) $3 \times 83 =$

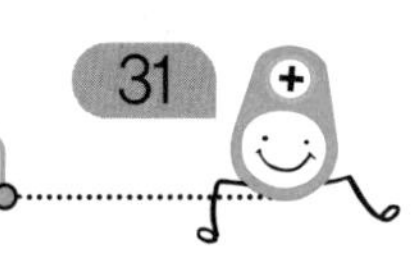

● 곱셈을 하시오.

(1) 23×4

(2) 34×5

(3) 45×6

(4) 56×7

(5) 67×8

(6) 78×9

(7) 89×7

(8) 98×7

(9) $$\begin{array}{r} 22 \\ \times \quad 2 \\ \hline \end{array}$$

(10) $$\begin{array}{r} 33 \\ \times \quad 3 \\ \hline \end{array}$$

(11) $$\begin{array}{r} 44 \\ \times \quad 4 \\ \hline \end{array}$$

(12) $$\begin{array}{r} 55 \\ \times \quad 5 \\ \hline \end{array}$$

(13) $14 \times 4 =$

(14) $$\begin{array}{r} 66 \\ \times \quad 6 \\ \hline \end{array}$$

(15) $$\begin{array}{r} 77 \\ \times \quad 7 \\ \hline \end{array}$$

(16) $$\begin{array}{r} 88 \\ \times \quad 8 \\ \hline \end{array}$$

(17) $$\begin{array}{r} 99 \\ \times \quad 9 \\ \hline \end{array}$$

(18) $81 \times 7 =$

● 곱셈을 하시오.

(1)
$$\begin{array}{r} 12 \\ \times \quad 4 \\ \hline \end{array}$$

(5)
$$\begin{array}{r} 52 \\ \times \quad 4 \\ \hline \end{array}$$

(2)
$$\begin{array}{r} 22 \\ \times \quad 4 \\ \hline \end{array}$$

(6)
$$\begin{array}{r} 62 \\ \times \quad 4 \\ \hline \end{array}$$

(3)
$$\begin{array}{r} 32 \\ \times \quad 4 \\ \hline \end{array}$$

(7)
$$\begin{array}{r} 82 \\ \times \quad 2 \\ \hline \end{array}$$

(4)
$$\begin{array}{r} 85 \\ \times \quad 7 \\ \hline \end{array}$$

(8)
$$\begin{array}{r} 65 \\ \times \quad 3 \\ \hline \end{array}$$

(9)
$$\begin{array}{r} 25 \\ \times \quad 3 \\ \hline \end{array}$$

(10)
$$\begin{array}{r} 53 \\ \times \quad 5 \\ \hline \end{array}$$

(11)
$$\begin{array}{r} 75 \\ \times \quad 3 \\ \hline \end{array}$$

(12)
$$\begin{array}{r} 85 \\ \times \quad 3 \\ \hline \end{array}$$

(13) $25 \times 4 =$

(14)
$$\begin{array}{r} 43 \\ \times \quad 3 \\ \hline \end{array}$$

(15)
$$\begin{array}{r} 44 \\ \times \quad 3 \\ \hline \end{array}$$

(16)
$$\begin{array}{r} 82 \\ \times \quad 5 \\ \hline \end{array}$$

(17)
$$\begin{array}{r} 83 \\ \times \quad 5 \\ \hline \end{array}$$

(18) $52 \times 5 =$

● 곱셈을 하시오.

(1) $\begin{array}{r} 91 \\ \times \quad 3 \\ \hline \end{array}$

(2) $\begin{array}{r} 68 \\ \times \quad 3 \\ \hline \end{array}$

(3) $\begin{array}{r} 98 \\ \times \quad 3 \\ \hline \end{array}$

(4) $\begin{array}{r} 92 \\ \times \quad 3 \\ \hline \end{array}$

(5) $\begin{array}{r} 36 \\ \times \quad 3 \\ \hline \end{array}$

(6) $\begin{array}{r} 46 \\ \times \quad 4 \\ \hline \end{array}$

(7) $\begin{array}{r} 56 \\ \times \quad 5 \\ \hline \end{array}$

(8) $\begin{array}{r} 66 \\ \times \quad 6 \\ \hline \end{array}$

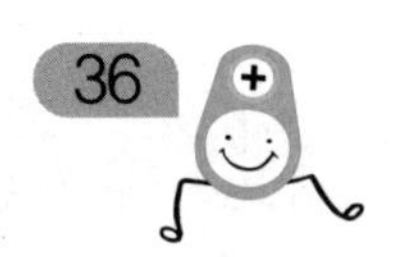

(9) $\begin{array}{r} 33 \\ \times \quad 6 \\ \hline \end{array}$

(10) $\begin{array}{r} 43 \\ \times \quad 7 \\ \hline \end{array}$

(11) $\begin{array}{r} 53 \\ \times \quad 8 \\ \hline \end{array}$

(12) $\begin{array}{r} 63 \\ \times \quad 9 \\ \hline \end{array}$

(13) $72 \times 6 =$

(14) $\begin{array}{r} 45 \\ \times \quad 6 \\ \hline \end{array}$

(15) $\begin{array}{r} 55 \\ \times \quad 7 \\ \hline \end{array}$

(16) $\begin{array}{r} 65 \\ \times \quad 8 \\ \hline \end{array}$

(17) $\begin{array}{r} 92 \\ \times \quad 9 \\ \hline \end{array}$

(18) $5 \times 18 =$

● 곱셈을 하시오.

(1)
$$\begin{array}{r} 24 \\ \times \quad 6 \\ \hline \end{array}$$

(2)
$$\begin{array}{r} 42 \\ \times \quad 2 \\ \hline \end{array}$$

(3)
$$\begin{array}{r} 52 \\ \times \quad 2 \\ \hline \end{array}$$

(4)
$$\begin{array}{r} 72 \\ \times \quad 8 \\ \hline \end{array}$$

(5)
$$\begin{array}{r} 64 \\ \times \quad 6 \\ \hline \end{array}$$

(6)
$$\begin{array}{r} 74 \\ \times \quad 6 \\ \hline \end{array}$$

(7)
$$\begin{array}{r} 84 \\ \times \quad 6 \\ \hline \end{array}$$

(8)
$$\begin{array}{r} 82 \\ \times \quad 8 \\ \hline \end{array}$$

(9) $$\begin{array}{r} 46 \\ \times\quad 4 \\ \hline \end{array}$$

(10) $$\begin{array}{r} 55 \\ \times\quad 3 \\ \hline \end{array}$$

(11) $$\begin{array}{r} 65 \\ \times\quad 7 \\ \hline \end{array}$$

(12) $$\begin{array}{r} 76 \\ \times\quad 8 \\ \hline \end{array}$$

(13) $82 \times 5 =$

(14) $$\begin{array}{r} 47 \\ \times\quad 5 \\ \hline \end{array}$$

(15) $$\begin{array}{r} 67 \\ \times\quad 5 \\ \hline \end{array}$$

(16) $$\begin{array}{r} 77 \\ \times\quad 5 \\ \hline \end{array}$$

(17) $$\begin{array}{r} 84 \\ \times\quad 7 \\ \hline \end{array}$$

(18) $94 \times 3 =$

● 곱셈을 하시오.

(1) $\begin{array}{r} 37 \\ \times \quad 6 \\ \hline \end{array}$

(2) $\begin{array}{r} 57 \\ \times \quad 6 \\ \hline \end{array}$

(3) $\begin{array}{r} 67 \\ \times \quad 6 \\ \hline \end{array}$

(4) $\begin{array}{r} 75 \\ \times \quad 8 \\ \hline \end{array}$

(5) $\begin{array}{r} 73 \\ \times \quad 8 \\ \hline \end{array}$

(6) $\begin{array}{r} 89 \\ \times \quad 3 \\ \hline \end{array}$

(7) $\begin{array}{r} 97 \\ \times \quad 3 \\ \hline \end{array}$

(8) $\begin{array}{r} 95 \\ \times \quad 4 \\ \hline \end{array}$

(9)
$$\begin{array}{r} 4\ 8 \\ \times \quad\ 6 \\ \hline \end{array}$$

(10)
$$\begin{array}{r} 5\ 8 \\ \times \quad\ 7 \\ \hline \end{array}$$

(11)
$$\begin{array}{r} 6\ 8 \\ \times \quad\ 8 \\ \hline \end{array}$$

(12)
$$\begin{array}{r} 7\ 8 \\ \times \quad\ 9 \\ \hline \end{array}$$

(13) $86 \times 2 =$

(14)
$$\begin{array}{r} 6\ 3 \\ \times \quad\ 8 \\ \hline \end{array}$$

(15)
$$\begin{array}{r} 7\ 4 \\ \times \quad\ 8 \\ \hline \end{array}$$

(16)
$$\begin{array}{r} 9\ 5 \\ \times \quad\ 8 \\ \hline \end{array}$$

(17)
$$\begin{array}{r} 9\ 6 \\ \times \quad\ 9 \\ \hline \end{array}$$

(18) $4 \times 97 =$

ME 단계 3 권

학교 연산 대비하자

연산 UP

ME

연산 UP

1

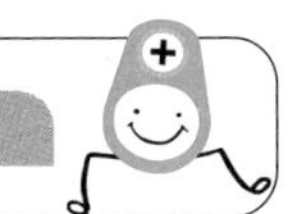

● 곱셈을 하시오.

(1)
$$\begin{array}{r} 17 \\ \times \quad 3 \\ \hline \end{array}$$

(2)
$$\begin{array}{r} 12 \\ \times \quad 5 \\ \hline \end{array}$$

(3)
$$\begin{array}{r} 16 \\ \times \quad 4 \\ \hline \end{array}$$

(4)
$$\begin{array}{r} 15 \\ \times \quad 7 \\ \hline \end{array}$$

(5)
$$\begin{array}{r} 23 \\ \times \quad 4 \\ \hline \end{array}$$

(6)
$$\begin{array}{r} 27 \\ \times \quad 3 \\ \hline \end{array}$$

(7)
$$\begin{array}{r} 24 \\ \times \quad 5 \\ \hline \end{array}$$

(8)
$$\begin{array}{r} 28 \\ \times \quad 2 \\ \hline \end{array}$$

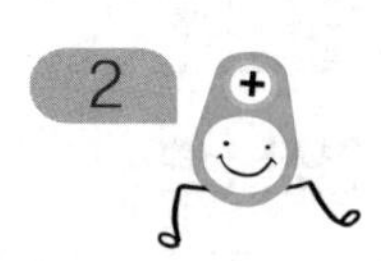

(9) $\begin{array}{r} 32 \\ \times \quad 2 \\ \hline \end{array}$

(10) $\begin{array}{r} 35 \\ \times \quad 4 \\ \hline \end{array}$

(11) $\begin{array}{r} 37 \\ \times \quad 3 \\ \hline \end{array}$

(12) $\begin{array}{r} 39 \\ \times \quad 2 \\ \hline \end{array}$

(13) $14 \times 2 =$

(14) $\begin{array}{r} 43 \\ \times \quad 5 \\ \hline \end{array}$

(15) $\begin{array}{r} 41 \\ \times \quad 2 \\ \hline \end{array}$

(16) $\begin{array}{r} 44 \\ \times \quad 6 \\ \hline \end{array}$

(17) $\begin{array}{r} 46 \\ \times \quad 3 \\ \hline \end{array}$

(18) $24 \times 2 =$

● 곱셈을 하시오.

(1)
$$\begin{array}{r} 13 \\ \times \quad 5 \\ \hline \end{array}$$

(2)
$$\begin{array}{r} 18 \\ \times \quad 3 \\ \hline \end{array}$$

(3)
$$\begin{array}{r} 25 \\ \times \quad 3 \\ \hline \end{array}$$

(4)
$$\begin{array}{r} 29 \\ \times \quad 4 \\ \hline \end{array}$$

(5)
$$\begin{array}{r} 31 \\ \times \quad 7 \\ \hline \end{array}$$

(6)
$$\begin{array}{r} 34 \\ \times \quad 5 \\ \hline \end{array}$$

(7)
$$\begin{array}{r} 42 \\ \times \quad 4 \\ \hline \end{array}$$

(8)
$$\begin{array}{r} 45 \\ \times \quad 2 \\ \hline \end{array}$$

(9)
$$\begin{array}{r} 53 \\ \times \quad 2 \\ \hline \end{array}$$

(10)
$$\begin{array}{r} 67 \\ \times \quad 3 \\ \hline \end{array}$$

(11)
$$\begin{array}{r} 75 \\ \times \quad 2 \\ \hline \end{array}$$

(12)
$$\begin{array}{r} 88 \\ \times \quad 4 \\ \hline \end{array}$$

(13) $71 \times 3 =$

(14)
$$\begin{array}{r} 62 \\ \times \quad 6 \\ \hline \end{array}$$

(15)
$$\begin{array}{r} 83 \\ \times \quad 8 \\ \hline \end{array}$$

(16)
$$\begin{array}{r} 94 \\ \times \quad 4 \\ \hline \end{array}$$

(17)
$$\begin{array}{r} 56 \\ \times \quad 5 \\ \hline \end{array}$$

(18) $18 \times 2 =$

● 곱셈을 하시오.

(1) $\begin{array}{r} 32 \\ \times \quad 2 \\ \hline \end{array}$

(2) $\begin{array}{r} 51 \\ \times \quad 7 \\ \hline \end{array}$

(3) $\begin{array}{r} 64 \\ \times \quad 3 \\ \hline \end{array}$

(4) $\begin{array}{r} 79 \\ \times \quad 4 \\ \hline \end{array}$

(5) $\begin{array}{r} 86 \\ \times \quad 2 \\ \hline \end{array}$

(6) $\begin{array}{r} 99 \\ \times \quad 2 \\ \hline \end{array}$

(7) $\begin{array}{r} 72 \\ \times \quad 5 \\ \hline \end{array}$

(8) $\begin{array}{r} 95 \\ \times \quad 4 \\ \hline \end{array}$

(9)
$$\begin{array}{r} 6\ 9 \\ \times\quad 4 \\ \hline \end{array}$$

(10)
$$\begin{array}{r} 3\ 8 \\ \times\quad 5 \\ \hline \end{array}$$

(11)
$$\begin{array}{r} 8\ 7 \\ \times\quad 6 \\ \hline \end{array}$$

(12)
$$\begin{array}{r} 6\ 5 \\ \times\quad 2 \\ \hline \end{array}$$

(13) $43 \times 2 =$

(14)
$$\begin{array}{r} 7\ 6 \\ \times\quad 9 \\ \hline \end{array}$$

(15)
$$\begin{array}{r} 5\ 2 \\ \times\quad 3 \\ \hline \end{array}$$

(16)
$$\begin{array}{r} 9\ 4 \\ \times\quad 7 \\ \hline \end{array}$$

(17)
$$\begin{array}{r} 4\ 9 \\ \times\quad 8 \\ \hline \end{array}$$

(18) $22 \times 5 =$

● 빈칸에 알맞은 수를 써넣으시오.

(1)

×	4	8
12		
15		

(2)

×	2	4
14		
19		

(3)

×	2	3
29		
92		

(4)

×	3	6
58		
85		

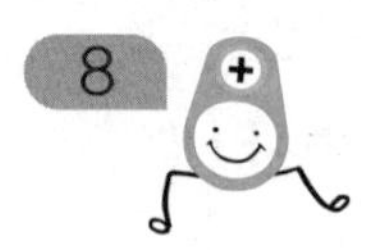

(5)

×	6	8
26		
35		

(7)

×	5	7
63		
78		

(6)

×	2	4
47		
59		

(8)

×	3	5
84		
96		

● 빈 곳에 알맞은 수를 써넣으시오.

(1)

× →, × ↓

11	3	
4	19	

(3)

× →, × ↓

32	5	
3	29	

(2)

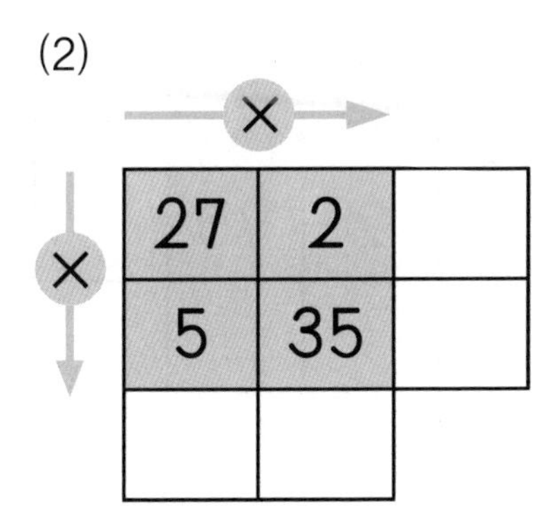

(4)

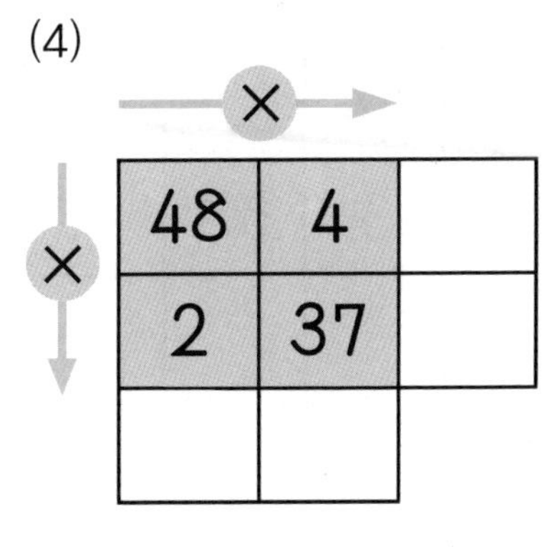

(5)

×→, ×↓

57	4	
7	43	

(7)

×→, ×↓

74	9	
5	66	

(6)

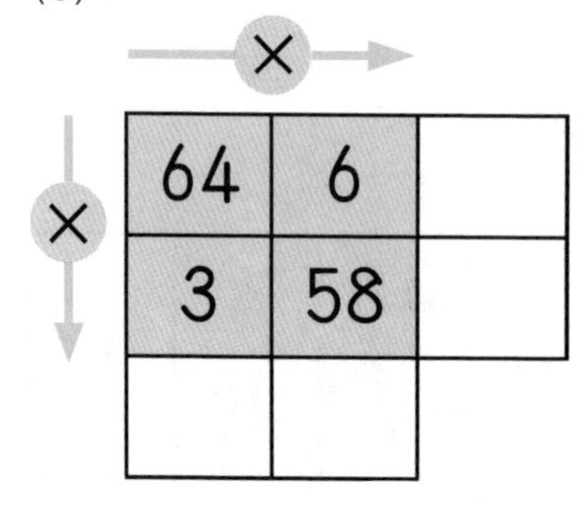

64	6	
3	58	

(8)

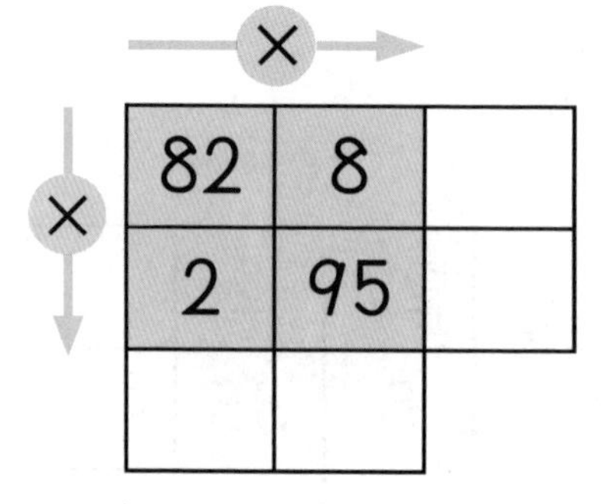

82	8	
2	95	

● 빈 곳에 알맞은 수를 써넣으시오.

(1)

× →

× ↓

15	8	
2	35	

(3)

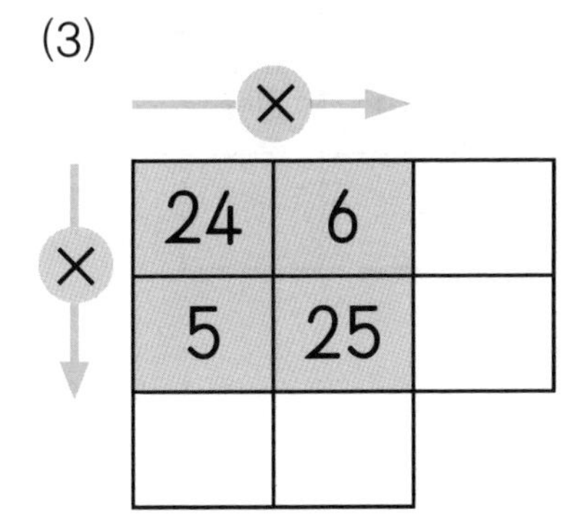

(2)

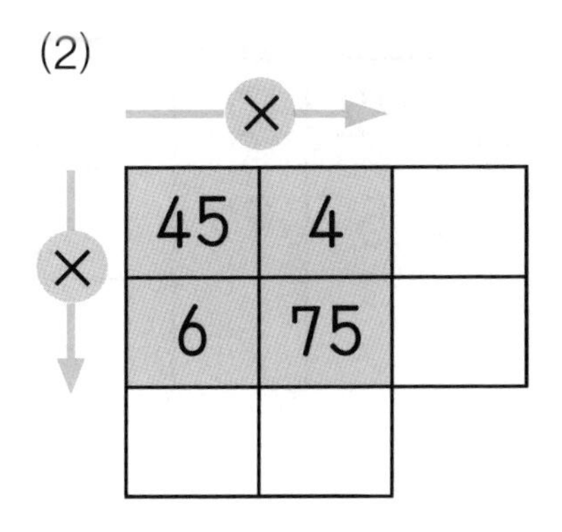

(4)

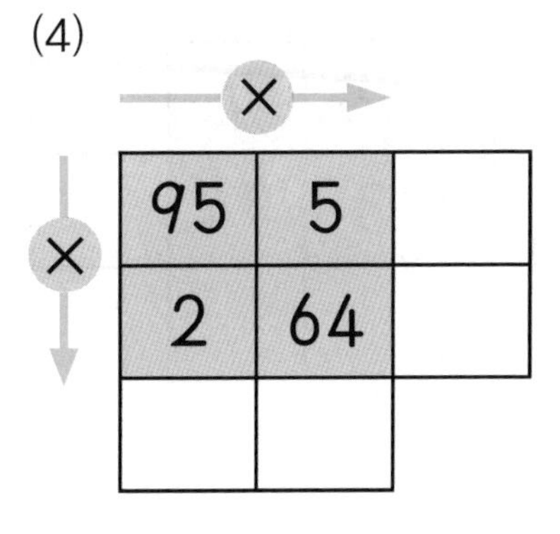

(5)

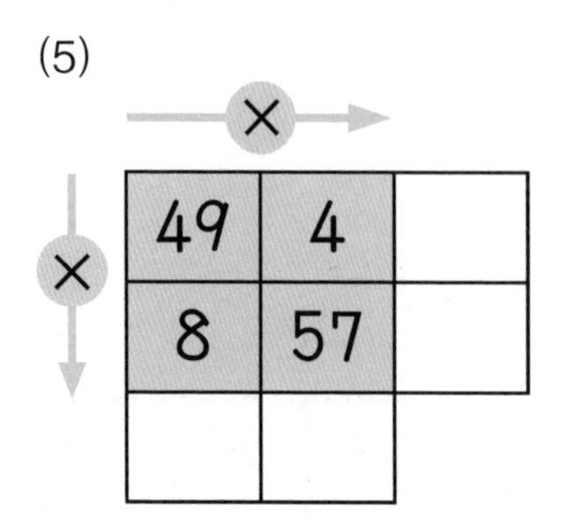

(6)

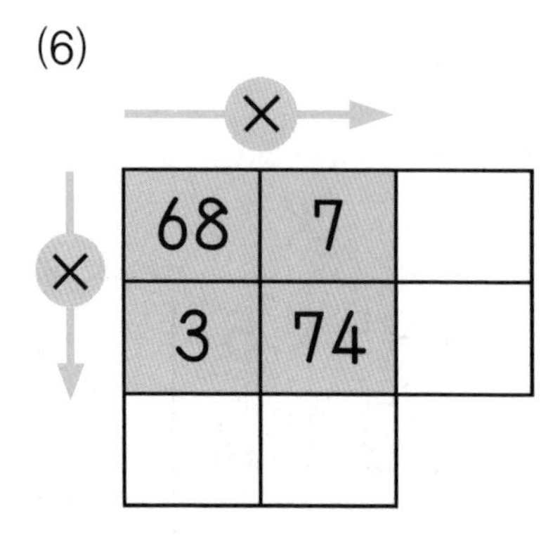

(7)

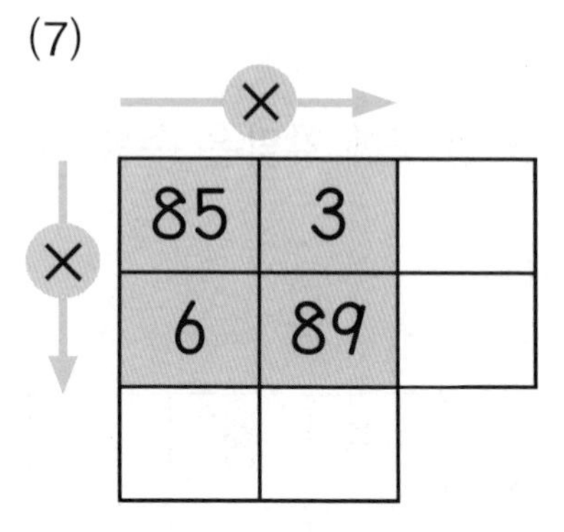

(8)

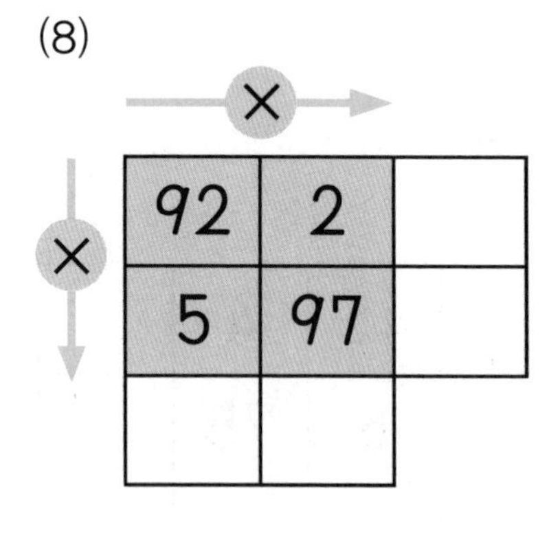

● 다음을 읽고 물음에 답하시오.

(1) 한솔이는 한 달에 동화책을 6권씩 읽기로 하였습니다. 11개월 동안에는 모두 몇 권의 동화책을 읽게 됩니까?

( )

(2) 한 상자에 주스가 12병씩 들어 있습니다. 2상자에 들어 있는 주스는 모두 몇 병입니까?

( )

(3) 지우네 반 학생은 32명입니다. 한 명에게 연필을 3자루씩 나누어 주려고 합니다. 연필은 모두 몇 자루가 필요합니까?

( )

(4) 구슬이 한 상자에 52개씩 들어 있습니다. 3상자에는 구슬이 모두 몇 개 들어 있습니까?

( )

(5) 동물 병원에 강아지 13마리가 있습니다. 강아지의 다리는 모두 몇 개입니까?

( )

(6) 꽃 한 송이를 만드는 데 색 테이프 24 cm가 필요하다고 합니다. 꽃 3송이를 만드는 데 필요한 색 테이프는 모두 몇 cm입니까?

( )

● 다음을 읽고 물음에 답하시오.

(1) 주현이는 수학 문제를 하루에 8문제씩 풀기로 하였습니다. 15일 동안에는 수학 문제를 모두 몇 문제 풀게 됩니까?

( )

(2) 다람쥐가 하루에 도토리를 61개씩 주웠습니다. 이 다람쥐가 4일 동안 주운 도토리는 모두 몇 개입니까?

( )

(3) 과자가 한 봉지에 16개씩 들어 있는 봉지가 4봉지 있습니다. 과자는 모두 몇 개입니까?

( )

(4) 하준이네 학교 3학년 학생은 한 반에 26명씩 반은 9개 반이 있습니다. 하준이네 학교 3학년 학생은 모두 몇 명입니까?

( )

(5) 과일 가게에 한 상자에 32개씩 들어 있는 귤이 8상자 있습니다. 귤은 모두 몇 개입니까?

( )

(6) 승준이는 줄넘기를 매일 88개씩 합니다. 승준이가 6일 동안 한 줄넘기는 모두 몇 개입니까?

( )

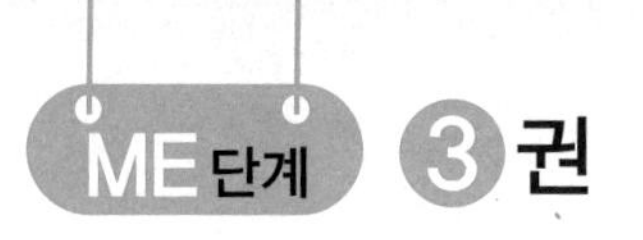

정 답

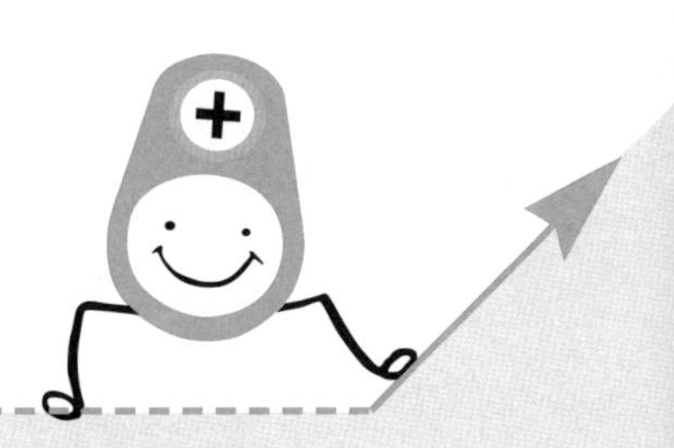

ME01

1	2	3	4	5	6	7	8
(1) 2, 100	(9) 4, 189	(1) 110	(9) 130	(1) 238	(9) 108	(1) 288	(9) 296
(2) 1, 192	(10) 2, 175	(2) 170	(10) 152	(2) 264	(10) 301	(2) 184	(10) 282
(3) 2, 264	(11) 3, 230	(3) 175	(11) 216	(3) 252	(11) 204	(3) 252	(11) 297
(4) 3, 330	(12) 4, 395	(4) 180	(12) 161	(4) 210	(12) 235	(4) 392	(12) 372
(5) 2, 275	(13) 3, 336	(5) 224	(13) 148	(5) 132	(13) 336	(5) 288	(13) 190
(6) 1, 136	(14) 2, 201	(6) 144	(14) 168	(6) 172	(14) 114	(6) 102	(14) 360
(7) 1, 438	(15) 6, 553	(7) 222	(15) 145	(7) 259	(15) 270	(7) 315	(15) 258
(8) 2, 581	(16) 1, 372	(8) 140	(16) 195	(8) 318	(16) 310	(8) 245	(16) 441

ME01

9	10	11	12	13	14	15	16
(1) 39	(9) 72	(1) 88	(9) 54	(1) 160	(9) 210	(1) 36	(9) 196
(2) 154	(10) 78	(2) 128	(10) 150	(2) 82	(10) 256	(2) 105	(10) 168
(3) 69	(11) 88	(3) 96	(11) 111	(3) 288	(11) 129	(3) 136	(11) 76
(4) 80	(12) 126	(4) 185	(12) 48	(4) 138	(12) 78	(4) 81	(12) 180
(5) 51	(13) 125	(5) 66	(13) 68	(5) 90	(13) 217	(5) 120	(13) 328
(6) 60	(14) 98	(6) 147	(14) 124	(6) 140	(14) 92	(6) 152	(14) 116
(7) 126	(15) 72	(7) 105	(15) 108	(7) 126	(15) 88	(7) 165	(15) 94
(8) 115	(16) 48	(8) 138	(16) 144	(8) 99	(16) 147	(8) 72	(16) 156

ME01

17	18	19	20	21	22	23	24
(1) 120	(9) 252	(1) 144	(9) 215	(1) 255	(9) 124	(1) 315	(9) 248
(2) 75	(10) 74	(2) 159	(10) 98	(2) 128	(10) 189	(2) 370	(10) 148
(3) 279	(11) 216	(3) 205	(11) 220	(3) 312	(11) 270	(3) 192	(11) 304
(4) 243	(12) 96	(4) 162	(12) 225	(4) 268	(12) 118	(4) 225	(12) 204
(5) 168	(13) 132	(5) 204	(13) 408	(5) 126	(13) 183	(5) 426	(13) 144
(6) 126	(14) 84	(6) 294	(14) 260	(6) 265	(14) 224	(6) 488	(14) 186
(7) 70	(15) 96	(7) 208	(15) 192	(7) 260	(15) 198	(7) 216	(15) 195
(8) 117	(16) 141	(8) 352	(16) 285	(8) 174	(16) 325	(8) 264	(16) 154

ME01

25	26	27	28	29	30	31	32
(1) 126	(9) 106	(1) 256	(9) 432	(1) 497	(9) 504	(1) 246	(9) 405
(2) 216	(10) 378	(2) 219	(10) 150	(2) 146	(10) 486	(2) 166	(10) 190
(3) 434	(11) 365	(3) 132	(11) 134	(3) 255	(11) 231	(3) 288	(11) 344
(4) 171	(12) 272	(4) 152	(12) 462	(4) 456	(12) 264	(4) 376	(12) 196
(5) 104	(13) 288	(5) 355	(13) 441	(5) 328	(13) 249	(5) 728	(13) 279
(6) 135	(14) 364	(6) 496	(14) 390	(6) 168	(14) 375	(6) 368	(14) 252
(7) 252	(15) 528	(7) 222	(15) 312	(7) 296	(15) 172	(7) 170	(15) 291
(8) 130	(16) 380	(8) 455	(16) 207	(8) 348	(16) 237	(8) 258	(16) 174

ME01

33	34	35	36	37	38	39	40
(1) 26	(9) 66	(1) 405	(9) 50	(1) 96	(9) 63	(1) 333	(9) 196
(2) 64	(10) 228	(2) 186	(10) 414	(2) 416	(10) 378	(2) 240	(10) 468
(3) 344	(11) 387	(3) 292	(11) 396	(3) 532	(11) 261	(3) 438	(11) 480
(4) 504	(12) 320	(4) 276	(12) 340	(4) 470	(12) 585	(4) 504	(12) 492
(5) 84	(13) 155	(5) 168	(13) 324	(5) 330	(13) 198	(5) 424	(13) 272
(6) 42	(14) 168	(6) 520	(14) 300	(6) 92	(14) 450	(6) 546	(14) 384
(7) 371	(15) 576	(7) 245	(15) 322	(7) 112	(15) 340	(7) 536	(15) 595
(8) 444	(16) 332	(8) 420	(16) 282	(8) 425	(16) 186	(8) 188	(16) 608

ME02

1	2	3	4	5	6	7	8
(1) 54	(9) 161	(1) 30	(9) 48	(1) 105	(9) 46	(1) 42	(9) 26
(2) 96	(10) 85	(2) 36	(10) 112	(2) 126	(10) 48	(2) 63	(10) 111
(3) 120	(11) 444	(3) 28	(11) 46	(3) 168	(11) 72	(3) 60	(11) 147
(4) 164	(12) 232	(4) 60	(12) 147	(4) 248	(12) 96	(4) 70	(12) 44
(5) 238	(13) 252	(5) 80	(13) 150	(5) 64	(13) 100	(5) 36	(13) 132
(6) 224	(14) 360	(6) 42	(14) 84	(6) 128	(14) 68	(6) 96	(14) 155
(7) 450	(15) 72	(7) 69	(15) 88	(7) 99	(15) 105	(7) 78	(15) 108
(8) 201	(16) 310	(8) 120	(16) 119	(8) 132	(16) 182	(8) 144	(16) 75
	(17) 279		(17) 104		(17) 114		(17) 140
	(18) 158		(18) 224		(18) 204		(18) 234

ME02							
9	10	11	12	13	14	15	16
(1) 66	(9) 48	(1) 63	(9) 66	(1) 164	(9) 93	(1) 66	(9) 234
(2) 126	(10) 87	(2) 84	(10) 99	(2) 88	(10) 328	(2) 96	(10) 72
(3) 96	(11) 80	(3) 88	(11) 128	(3) 126	(11) 222	(3) 126	(11) 78
(4) 279	(12) 102	(4) 110	(12) 125	(4) 108	(12) 86	(4) 72	(12) 132
(5) 130	(13) 152	(5) 124	(13) 140	(5) 84	(13) 352	(5) 54	(13) 172
(6) 24	(14) 84	(6) 96	(14) 68	(6) 66	(14) 168	(6) 115	(14) 48
(7) 152	(15) 189	(7) 81	(15) 160	(7) 192	(15) 190	(7) 70	(15) 68
(8) 135	(16) 168	(8) 185	(16) 69	(8) 210	(16) 245	(8) 90	(16) 88
	(17) 217		(17) 76		(17) 252		(17) 282
	(18) 148		(18) 208		(18) 315		(18) 222

ME02							
17	18	19	20	21	22	23	24
(1) 77	(9) 48	(1) 66	(9) 88	(1) 86	(9) 156	(1) 186	(9) 68
(2) 287	(10) 123	(2) 86	(10) 102	(2) 126	(10) 108	(2) 217	(10) 88
(3) 128	(11) 114	(3) 68	(11) 132	(3) 172	(11) 138	(3) 82	(11) 108
(4) 230	(12) 245	(4) 168	(12) 117	(4) 162	(12) 168	(4) 123	(12) 94
(5) 108	(13) 315	(5) 155	(13) 147	(5) 104	(13) 196	(5) 108	(13) 171
(6) 108	(14) 74	(6) 205	(14) 74	(6) 106	(14) 246	(6) 92	(14) 180
(7) 129	(15) 76	(7) 132	(15) 94	(7) 90	(15) 252	(7) 102	(15) 129
(8) 195	(16) 264	(8) 172	(16) 76	(8) 260	(16) 110	(8) 153	(16) 112
	(17) 98		(17) 96		(17) 188		(17) 144
	(18) 322		(18) 152		(18) 114		(18) 177

ME02

25	26	27	28	29	30	31	32
(1) 88	(9) 148	(1) 159	(9) 168	(1) 204	(9) 116	(1) 126	(9) 82
(2) 168	(10) 188	(2) 108	(10) 82	(2) 208	(10) 232	(2) 260	(10) 92
(3) 99	(11) 144	(3) 129	(11) 94	(3) 212	(11) 272	(3) 88	(11) 94
(4) 132	(12) 222	(4) 220	(12) 141	(4) 186	(12) 198	(4) 186	(12) 162
(5) 62	(13) 190	(5) 102	(13) 348	(5) 128	(13) 224	(5) 86	(13) 165
(6) 82	(14) 105	(6) 126	(14) 245	(6) 248	(14) 335	(6) 159	(14) 98
(7) 72	(15) 225	(7) 265	(15) 110	(7) 252	(15) 171	(7) 378	(15) 174
(8) 90	(16) 184	(8) 330	(16) 92	(8) 312	(16) 260	(8) 315	(16) 136
	(17) 144		(17) 240		(17) 295		(17) 345
	(18) 196		(18) 472		(18) 138		(18) 520

ME02

33	34	35	36	37	38	39	40
(1) 33	(9) 34	(1) 55	(9) 87	(1) 28	(5) 126	(1) 180	(5) 455
(2) 128	(10) 104	(2) 110	(10) 135	(2) 69	(6) 126	(2) 196	(6) 576
(3) 102	(11) 240	(3) 364	(11) 94	(3) 68	(7) 536	(3) 464	(7) 282
(4) 126	(12) 114	(4) 486	(12) 280	(4) 88	(8) 208	(4) 448	(8) 534
(5) 48	(13) 483	(5) 126	(13) 476		(9) 320		(9) 144
(6) 92	(14) 275	(6) 352	(14) 108		(10) 144		(10) 344
(7) 265	(15) 92	(7) 198	(15) 82		(11) 228		(11) 340
(8) 105	(16) 372	(8) 252	(16) 108		(12) 248		(12) 224
	(17) 536		(17) 264		(13) 624		(13) 702
	(18) 348		(18) 228		(14) 372		(14) 288

ME03

1	2	3	4	5	6	7	8
(1) 52	(9) 36	(1) 84	(9) 138	(1) 102	(9) 248	(1) 168	(9) 132
(2) 69	(10) 112	(2) 110	(10) 141	(2) 165	(10) 128	(2) 212	(10) 456
(3) 102	(11) 116	(3) 86	(11) 94	(3) 195	(11) 340	(3) 252	(11) 174
(4) 441	(12) 128	(4) 132	(12) 192	(4) 275	(12) 290	(4) 280	(12) 455
(5) 129	(13) 384	(5) 156	(13) 232	(5) 122	(13) 198	(5) 208	(13) 138
(6) 212	(14) 72	(6) 90	(14) 162	(6) 126	(14) 106	(6) 186	(14) 270
(7) 265	(15) 92	(7) 88	(15) 86	(7) 108	(15) 168	(7) 90	(15) 184
(8) 440	(16) 112	(8) 159	(16) 224	(8) 268	(16) 228	(8) 330	(16) 112
	(17) 396		(17) 285		(17) 414		(17) 188
	(18) 111		(18) 98		(18) 472		(18) 134

ME03

9	10	11	12	13	14	15	16
(1) 176	(9) 318	(1) 204	(9) 108	(1) 244	(9) 128	(1) 106	(9) 504
(2) 126	(10) 235	(2) 310	(10) 378	(2) 126	(10) 511	(2) 159	(10) 567
(3) 216	(11) 406	(3) 312	(11) 336	(3) 448	(11) 264	(3) 256	(11) 330
(4) 402	(12) 448	(4) 384	(12) 330	(4) 518	(12) 304	(4) 320	(12) 544
(5) 156	(13) 168	(5) 252	(13) 174	(5) 284	(13) 345	(5) 186	(13) 375
(6) 315	(14) 180	(6) 212	(14) 128	(6) 292	(14) 148	(6) 342	(14) 219
(7) 320	(15) 260	(7) 488	(15) 390	(7) 372	(15) 441	(7) 355	(15) 462
(8) 285	(16) 264	(8) 270	(16) 399	(8) 432	(16) 546	(8) 504	(16) 128
	(17) 603		(17) 336		(17) 402		(17) 456
	(18) 408		(18) 204		(18) 462		(18) 474

ME03

17	18	19	20	21	22	23	24
(1) 183	(9) 462	(1) 488	(9) 146	(1) 142	(9) 148	(1) 186	(9) 128
(2) 416	(10) 348	(2) 568	(10) 186	(2) 162	(10) 168	(2) 288	(10) 592
(3) 432	(11) 584	(3) 384	(11) 158	(3) 438	(11) 365	(3) 410	(11) 168
(4) 256	(12) 335	(4) 666	(12) 462	(4) 510	(12) 249	(4) 518	(12) 462
(5) 153	(13) 385	(5) 216	(13) 532	(5) 332	(13) 468	(5) 320	(13) 522
(6) 496	(14) 392	(6) 189	(14) 128	(6) 216	(14) 228	(6) 444	(14) 488
(7) 220	(15) 408	(7) 360	(15) 148	(7) 246	(15) 602	(7) 146	(15) 568
(8) 296	(16) 370	(8) 310	(16) 390	(8) 150	(16) 385	(8) 170	(16) 675
	(17) 207		(17) 450		(17) 435		(17) 201
	(18) 237		(18) 544		(18) 712		(18) 430

ME03

25	26	27	28	29	30	31	32
(1) 305	(9) 248	(1) 426	(9) 360	(1) 324	(9) 415	(1) 288	(9) 148
(2) 355	(10) 288	(2) 486	(10) 410	(2) 364	(10) 285	(2) 328	(10) 168
(3) 192	(11) 328	(3) 296	(11) 600	(3) 252	(11) 352	(3) 225	(11) 380
(4) 150	(12) 462	(4) 336	(12) 680	(4) 470	(12) 246	(4) 504	(12) 430
(5) 405	(13) 532	(5) 450	(13) 702	(5) 258	(13) 588	(5) 255	(13) 480
(6) 372	(14) 390	(6) 216	(14) 438	(6) 164	(14) 522	(6) 426	(14) 819
(7) 432	(15) 469	(7) 516	(15) 747	(7) 184	(15) 567	(7) 546	(15) 696
(8) 498	(16) 292	(8) 425	(16) 696	(8) 460	(16) 768	(8) 564	(16) 624
	(17) 581		(17) 616		(17) 728		(17) 425
	(18) 534		(18) 783		(18) 465		(18) 388

ME03

33	34	35	36	37	38	39	40
(1) 126	(9) 270	(1) 186	(9) 492	(1) 45	(5) 258	(1) 80	(9) 26
(2) 156	(10) 330	(2) 216	(10) 558	(2) 104	(6) 171	(2) 72	(10) 46
(3) 477	(11) 528	(3) 434	(11) 342	(3) 165	(7) 136	(3) 102	(11) 320
(4) 378	(12) 376	(4) 498	(12) 330	(4) 150	(8) 140	(4) 74	(12) 156
(5) 188	(13) 456	(5) 220	(13) 380		(9) 648	(5) 90	(13) 126
(6) 360	(14) 126	(6) 318	(14) 184		(10) 672	(6) 112	(14) 126
(7) 492	(15) 146	(7) 624	(15) 335		(11) 174	(7) 144	(15) 168
(8) 658	(16) 608	(8) 470	(16) 385		(12) 231	(8) 72	(16) 108
	(17) 595		(17) 435		(13) 516		(17) 74
	(18) 485		(18) 582		(14) 686		(18) 117

ME04

1	2	3	4	5	6	7	8
(1) 110	(9) 162	(1) 135	(9) 75	(1) 126	(9) 112	(1) 126	(9) 130
(2) 78	(10) 66	(2) 84	(10) 140	(2) 288	(10) 152	(2) 156	(10) 180
(3) 186	(11) 104	(3) 74	(11) 134	(3) 410	(11) 172	(3) 186	(11) 216
(4) 51	(12) 124	(4) 132	(12) 154	(4) 252	(12) 192	(4) 246	(12) 256
(5) 60	(13) 80	(5) 105	(13) 84	(5) 104	(13) 48	(5) 128	(13) 70
(6) 168	(14) 168	(6) 86	(14) 123	(6) 292	(14) 415	(6) 168	(14) 516
(7) 129	(15) 106	(7) 171	(15) 153	(7) 108	(15) 116	(7) 104	(15) 576
(8) 68	(16) 126	(8) 261	(16) 106	(8) 168	(16) 196	(8) 124	(16) 261
	(17) 148		(17) 108		(17) 390		(17) 291
	(18) 150		(18) 96		(18) 136		(18) 168

ME04

9	10	11	12	13	14	15	16
(1) 70	(9) 72	(1) 92	(9) 72	(1) 114	(9) 114	(1) 106	(9) 144
(2) 120	(10) 128	(2) 132	(10) 252	(2) 144	(10) 90	(2) 108	(10) 126
(3) 112	(11) 174	(3) 248	(11) 152	(3) 174	(11) 178	(3) 284	(11) 168
(4) 182	(12) 117	(4) 52	(12) 172	(4) 335	(12) 198	(4) 288	(12) 208
(5) 105	(13) 155	(5) 172	(13) 280	(5) 320	(13) 86	(5) 510	(13) 58
(6) 208	(14) 108	(6) 96	(14) 300	(6) 370	(14) 168	(6) 480	(14) 248
(7) 92	(15) 148	(7) 76	(15) 340	(7) 375	(15) 208	(7) 172	(15) 384
(8) 216	(16) 219	(8) 96	(16) 380	(8) 368	(16) 261	(8) 212	(16) 444
	(17) 648		(17) 273		(17) 291		(17) 624
	(18) 94		(18) 84		(18) 105		(18) 78

ME04

17	18	19	20	21	22	23	24
(1) 85	(9) 96	(1) 136	(9) 240	(1) 147	(9) 108	(1) 287	(9) 135
(2) 135	(10) 170	(2) 168	(10) 340	(2) 180	(10) 264	(2) 357	(10) 185
(3) 132	(11) 216	(3) 172	(11) 168	(3) 220	(11) 324	(3) 116	(11) 86
(4) 165	(12) 246	(4) 216	(12) 138	(4) 260	(12) 444	(4) 136	(12) 106
(5) 111	(13) 51	(5) 260	(13) 106	(5) 171	(13) 168	(5) 216	(13) 80
(6) 90	(14) 616	(6) 188	(14) 252	(6) 415	(14) 155	(6) 246	(14) 186
(7) 150	(15) 480	(7) 72	(15) 651	(7) 448	(15) 368	(7) 148	(15) 168
(8) 264	(16) 74	(8) 102	(16) 528	(8) 518	(16) 234	(8) 420	(16) 188
	(17) 276		(17) 588		(17) 294		(17) 261
	(18) 270		(18) 126		(18) 132		(18) 204

ME04

25	26	27	28	29	30	31	32
(1) 168	(9) 120	(1) 70	(9) 182	(1) 70	(9) 217	(1) 92	(9) 44
(2) 98	(10) 200	(2) 120	(10) 189	(2) 90	(10) 380	(2) 170	(10) 99
(3) 141	(11) 450	(3) 170	(11) 168	(3) 304	(11) 308	(3) 270	(11) 176
(4) 170	(12) 288	(4) 340	(12) 376	(4) 485	(12) 348	(4) 392	(12) 275
(5) 124	(13) 310	(5) 192	(13) 36	(5) 212	(13) 219	(5) 536	(13) 56
(6) 159	(14) 84	(6) 126	(14) 86	(6) 126	(14) 171	(6) 702	(14) 396
(7) 568	(15) 86	(7) 146	(15) 106	(7) 430	(15) 216	(7) 623	(15) 539
(8) 728	(16) 106	(8) 166	(16) 231	(8) 490	(16) 246	(8) 686	(16) 704
	(17) 195		(17) 600		(17) 388		(17) 891
	(18) 360		(18) 368		(18) 249		(18) 567

ME04

33	34	35	36	37	38	39	40
(1) 48	(9) 75	(1) 273	(9) 198	(1) 144	(9) 184	(1) 222	(9) 288
(2) 88	(10) 265	(2) 204	(10) 301	(2) 84	(10) 165	(2) 342	(10) 406
(3) 128	(11) 225	(3) 294	(11) 424	(3) 104	(11) 455	(3) 402	(11) 544
(4) 595	(12) 255	(4) 276	(12) 567	(4) 576	(12) 608	(4) 600	(12) 702
(5) 208	(13) 100	(5) 108	(13) 432	(5) 384	(13) 410	(5) 584	(13) 172
(6) 248	(14) 129	(6) 184	(14) 270	(6) 444	(14) 235	(6) 267	(14) 504
(7) 164	(15) 132	(7) 280	(15) 385	(7) 504	(15) 335	(7) 291	(15) 592
(8) 195	(16) 410	(8) 396	(16) 520	(8) 656	(16) 385	(8) 380	(16) 760
	(17) 415		(17) 828		(17) 588		(17) 864
	(18) 260		(18) 90		(18) 282		(18) 388

연산 UP

1	2	3	4
(1) 51	(9) 64	(1) 65	(9) 106
(2) 60	(10) 140	(2) 54	(10) 201
(3) 64	(11) 111	(3) 75	(11) 150
(4) 105	(12) 78	(4) 116	(12) 352
(5) 92	(13) 28	(5) 217	(13) 213
(6) 81	(14) 215	(6) 170	(14) 372
(7) 120	(15) 82	(7) 168	(15) 664
(8) 56	(16) 264	(8) 90	(16) 376
	(17) 138		(17) 280
	(18) 48		(18) 36

연산 UP

5	6
(1) 64	(9) 276
(2) 357	(10) 190
(3) 192	(11) 522
(4) 316	(12) 130
(5) 172	(13) 86
(6) 198	(14) 684
(7) 360	(15) 156
(8) 380	(16) 658
	(17) 392
	(18) 110

7

(1)

×	4	8
12	48	96
15	60	120

(2)

×	2	4
14	28	56
19	38	76

(3)

×	2	3
29	58	87
92	184	276

(4)

×	3	6
58	174	348
85	255	510

8

(5)

×	6	8
26	156	208
35	210	280

(6)

×	2	4
47	94	188
59	118	236

(7)

×	5	7
63	315	441
78	390	546

(8)

×	3	5
84	252	420
96	288	480

연산 UP

9

(1)

11	3	33
4	19	76
44	57	

(2)

27	2	54
5	35	175
135	70	

(3)

32	5	160
3	29	87
96	145	

(4)

48	4	192
2	37	74
96	148	

10

(5)

57	4	228
7	43	301
399	172	

(6)

64	6	384
3	58	174
192	348	

(7)

74	9	666
5	66	330
370	594	

(8)

82	8	656
2	95	190
164	760	

11

(1)

15	8	120
2	35	70
30	280	

(2)

45	4	180
6	75	450
270	300	

(3)

24	6	144
5	25	125
120	150	

(4)

95	5	475
2	64	128
190	320	

12

(5)

49	4	196
8	57	456
392	228	

(6)

68	7	476
3	74	222
204	518	

(7)

85	3	255
6	89	534
510	267	

(8)

92	2	184
5	97	485
460	194	

연산 UP

13

(1) 66권

(2) 24병

(3) 96자루

14

(4) 156개

(5) 52개

(6) 72 cm

15

(1) 120문제

(2) 244개

(3) 64개

16

(4) 234명

(5) 256개

(6) 528개